# 2015年北京四季采摘休闲攻略

★★★★★ 北京市休闲农业星级园区 ★★★★★

## 100条自驾游终极路书

主编　蒋洪昉

中国轻工业出版社

**图书在版编目（CIP）数据**

北京四季采摘休闲攻略（2015 年）/ 蒋洪昉主编 . —北京：
中国轻工业出版社，2015.3

ISBN 978-7-5184-0169-7

Ⅰ．①北…　Ⅱ．①蒋…　Ⅲ．①水果—采收—北京市— 2015
Ⅳ．① S660.9

中国版本图书馆 CIP 数据核字（2015）第 029436 号

责任编辑：韩慧琴

策划编辑：刘忠波　责任终审：孟寿萱　封面设计：锋尚制版
版式设计：李鸿伟　责任监印：马金路

出版发行：中国轻工业出版社（北京东长安街 6 号，邮编：100740）
印　　刷：北京顺诚彩色印刷有限公司
经　　销：各地新华书店
版　　次：2015 年 3 月第 1 版第 1 次印刷
开　　本：889×1194　1/16　　　　印张：15.5
字　　数：300 千字
书　　号：ISBN 978-7-5184-0169-7　　　定价：58.00 元
邮购电话：010-65241695　传真：65128352
发行电话：010-85119835　85119793　传真：85113293
网　　址：http://www.chlip.com.cn
Email：club@chlip.com.cn
如发现图书残缺请直接与我社邮购联系调换
140811S6X101ZBW

# PREFACE

## 前　言

　　北京，中国的首都，最具活力的中国城市，五湖四海的人在这里追寻着他们的梦想。大都市的梦想，辉煌灿烂，大都市的生活，紧张急迫。当现代都市人，逃离喧嚣的水泥森林，与宁静的乡村相遇，古老的农业立即焕发出新的生命力。据统计，目前京郊有约 1300 个观光休闲农业园区。在这里，孩子们有了触摸泥土、认识自然的新课堂，年轻人有了精神放假、心灵放飞的新空间，老人们有了老有所乐、怀念乡里的新乐园。

　　2014 年，北京观光休闲农业行业协会评选出了北京市第一批 155 个星级休闲农业园区。这些园区是北京休闲农业行业中的佼佼者，代表着这一新兴行业的发展水准。为了满足广大市民休闲出游的需求，我们编写了这本路书，目的是向大家提供权威、准确的信息，推荐京郊值得信赖的好去处，让大家能够一书在手，玩遍京郊。

　　文学家普鲁斯特曾说："真正的发现之旅不是在寻找新世界，而是用新的视野看世界。"是的，请您发动汽车，来到我们美丽的京郊，用全新的视野审视我们的新农村、新农民、新农业，从本书推荐的农业园区中管窥农业对都市生活、地理环境、人文历史、社会脉动的深刻意涵，体悟农业对安定社会、巩固国本的无上价值。

　　归去来兮，田园将芜胡不归！

# CONTENTS

## 目录（按区域位置）

延庆县

昌

海

门头沟区

石景山区

丰台

房山区

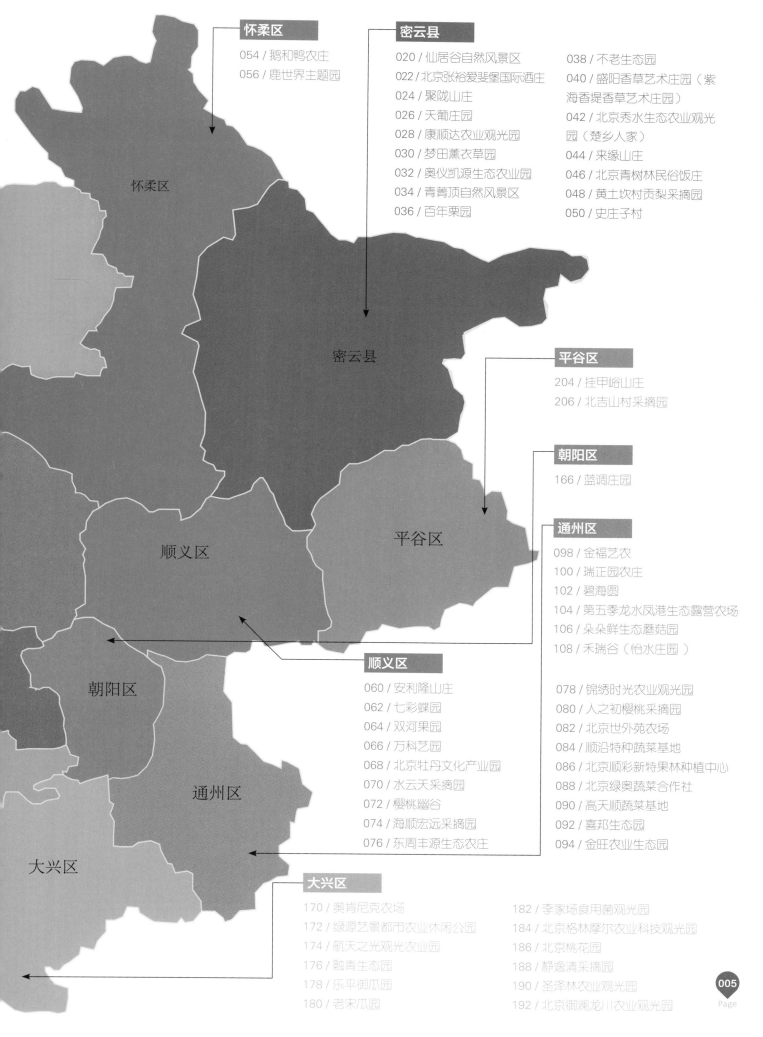

# Contents 目录（按星级顺序）

## 五星

## 四星

# Contents 目录

# 北京休闲农业发展简介

　　休闲农业是在经济发达的条件下为满足城里人休闲需求，利用农业景观资源和农业生产条件，发展观光、休闲、旅游的一种新型农业生产经营形态。休闲农业也是深度开发农业资源潜力，调整农业结构，改善农业环境，增加农民收入的新途径。大城市小郊区的格局，决定了都市型现代农业，是北京农业未来发展的必然选择。以城市休闲市场为导向，以农业生产为基础、农民生活为载体、农村生态为保障的休闲农业，是开发农业多功能的必然要求，是都市型现代农业的重要组成部分。

## 一、产业规模

　　从 20 年前星星点点的农家小院、采摘园区、垂钓鱼塘起步，如今的北京休闲农业与乡村旅游已经成长为年产值近 40 亿元、拥有 8 万从业者、1.6 万个民俗旅游接待户、227 个市级民俗旅游村、1300 多个休闲农业园区、年接待超过 2000 万人次的都市型现代农业支柱产业，促使农区变景区、田园变公园、空气变人气、劳动变运动、农产品变商品，让农村闲置的土地利用起来，让农民闲暇的时间充实起来，让富余的劳动力流动起来，让传统的文化活跃起来，在农业农村经济社会发展中发挥了不可替代的重要作用，成为提升农业、美化乡村、富裕农民的战略性新兴产业。

## 二、发展特点

变农业生产资源为农业资本，变生态环境资源为生态资本，变农村民俗资源为农耕文化资本，使农民成为农业资源和资本的经营者，休闲农业与乡村旅游，是首都城乡一体化和谐发展伟大工程的华彩乐章。吸引社会参与、开发旅游商品、突出文化创意已经成为北京休闲农业提升品质的重要手段；内容从简单的"吃饭、住宿、采摘"向体验、休闲、健身、商务、度假综合发展，布局由一家一户一园向一沟一谷一带成规模发展。北京休闲农业呈现出良好的发展态势。

### （一）产品多样化

经过 20 年的努力，北京观光休闲农业的内容，早已超越了简单的"吃饭、住宿、采摘"功能，融合山水、森林、温泉、滑雪、农事体验等内容的乡村休闲活动、面向高端市场的乡村俱乐部、乡村会所等各种类型的观光休闲农业项目获得了综合发展。

### （二）布局全方位

北京休闲农业与乡村旅游项目呈圈带状分布在北京周边。民俗旅游村主要分布在远郊山区、半山区，观光农业园多数分布在近郊平原和山前地带，而在近郊平原区，又能发现高科技农业观光园、农业主题公园的身影。

### （三）产业聚集化

京郊的乡村旅游带开发建设环绕主要干道和沟域，通过资源整合和整体包装，将民俗旅游村、休闲农业园与景区景点等串联起来，形成特色明显、资源互补、利益联结紧密、满足游客多元化需求的主题型乡村旅游目的地。

怀柔不夜谷、夜渤海、白河湾、密云云蒙风情大道、平谷绿谷风情大道、延庆百里山水画廊等集合了自然风光、农业观光、乡村休闲等内容的观光农业乡

村旅游带，已经成为市场的新宠。

### （四）投资多元化

随着乡村基础设施条件的改善，休闲农业的美好前景，吸引了大量的社会资本，经营主体从以农户经营为主，向农民合作组织、社会企业家投资转换。他们带来了城市的资本、技术、管理和发展理念，大幅度提升了北京休闲农业的水平。

## 三、美好前景

### （一）休闲农业与乡村旅游产业将持续作为农村产业结构调整的重要形式

中国农村整体发展正处于一个以粮食生产为核心的多业态并举的转型阶段。一方面大量农业人口迁移进入城市或城镇，另一方面耕地集中的乡村地区仍然承担着为全体国民提供粮食产品的生产功能，但乡村地区仅仅依靠粮食生产很难实现生活质量的提升目标。以粮为主、多业并举于是成为新时期的结构调整模式，在这一过程中，乡村地区，特别是离城市比较近的乡村地区，观光农业、休闲农业和乡村度假自然而然成为农村产业结构调整的重要形式和主要内容。

### （二）休闲农业与乡村旅游产业将成为农村环境治理和生态建设的动力

既要绿水青山，也要金山银山；宁要绿水青山，不要金山银山；绿水青山就是金山银山。但是，绿水青山如何变成金山银山，离不开产业的支撑。只有通过休闲农业与乡村旅游产业，实现农村一、二、三产业的融合发展，才能将过去不值钱的绿水青山，重新赋予价值，变为乡亲们家中实实在在的金山银山。农村环境治理和生态建设，需要大量的财力、物力、人力投入。要使这项惠及子孙、功在千秋的事业可持续地开展下去，必须让广大农民看到、享受到环境、生态改善所带来的现实利益。生态改善带动旅游产业，旅游产业反哺生态建设，乡村地区的休闲农业、观光农业、森林旅游、草原旅游、生态旅游和生态休闲度假产业，将会迎来一个不可多得的发展机遇。

### （三）休闲农业与乡村旅游产业将成为全面深化农村改革各项政策的受益者

中国农村的土地制度及其改革涉及国家的长治久安，中国城镇化事业健康发展和农村农业的稳定安全同样离不开农村集体土地的制度创新话题。2014年一号文件提出的解决方案基于农村土地集体所有权、经营权的资本化改革思路的落实。"放活土地经营权，允许承包土地的经营权向金融机构抵押融资"，确权、确地、确股多确齐下，基本出发点是资本化的融通。集体土地的资本化及逐步入市改革，将会促进乡村地区、特别是环城市地区多业态混合社区的形成。在农村建设用地实现市场化、资本化改革过程中和改革完成之后，农民直接参与多种股份合作制的机会就会明显增加，而作为外来投资者和管理者而言，由于产权结构清晰，合作模式政策风险降低，不再急于快速得到投资回报，中长期投资计划同样也有其存在和发展的可能，艺术精品、未来遗产形式的旅游产品将会不断涌现。外部专业化旅游发展公司与农民联合形成混合所有制，可以弥补农民创建、管理乡村旅游经验和技能不足的问题。

### （四）休闲农业与乡村旅游产业将成为新型城镇化的重要组成部分

2013 年 12 月召开的中央城镇化工作会议，提出城镇建设要体现尊重自然、顺应自然、天人合一的理念，依托现有山水脉络等独特风光，让城市融入大自然，让居民望得见山、看得见水、记得住乡愁。这诗意的语言预示着，生态文明建设必将展现出更加蓬勃的生机和活力，也为"大拆大建""消灭农村"的发展思路打上了句号。留住山、留住水、保留村庄的原始风貌，不是说农民就永远种地。农村的山、水、田、林、路，在生态建设的过程中，都是大都市稀缺的生态资源，是可以通过发展休闲农业与乡村旅游变成经济效益的产业资源。农民只有通过保留村庄的原始风貌挣到钱，地方政府能从保留村庄的原始风貌收到税，村庄的原始风貌才能正真被保留下来，"望得见山、看得见水、记得住乡愁"才能变为美好的现实。发展休闲农业与乡村旅游，充分实现了农村山水的生态价值，为农民提供大量的就地就业机会，克服了城镇化进程中传统模式的限制因素并产生混合效应，为新型城镇化提供了有效的产业支撑。

### （五）休闲农业与乡村旅游产业的信息化水平将提高到新的层次

作为都市型现代农业重要组成部分的休闲农业，信息化的运用是必然要求。北京的社会经济发展水平不断提高，以智能手机为代表的个人信息终端已经普及，北京市民已经逐步习惯于通过智能手机、电脑终端购物、导航，习惯于通过社交网络分享、传递各类信息，相关的信息技术也日趋成熟。休闲农业与乡村旅游企业，必须要与互联网、移动互联网等信息产业互动，利用海量的数据获取最直接且广泛的消费群体的信息，以此作为产品开发的依据。可见，借着农、旅两方面的东风，休闲农业与乡村旅游产业信息化建设面临着极大的发展机遇。

### （六）休闲农业与乡村旅游产业与文化产业的融合将不断地深化

"乡愁"成为快速城镇化发展中的一个关键词。随着城市人乡愁的泛滥，加上新农村建设的成效不断显现，乡土文化的价值正在越来越多地被发掘出来，文化产业、创意产业在广阔的农村，找到了取之不尽用之不竭的灵感源泉。农产品变礼品、变纪念品，农居变"第二个家"，农村变"心灵的原乡"，"当农民"变成一部分都市成功人士新的追求，"搞农业"成为联想这样的 IT 企业新的利润增长点，这一切都是休闲农业与乡村旅游在新时期所面临的社会背景。休闲农业与乡村旅游产业与文化创意的融合，使"乡愁"也成为可以触摸、可以把玩、可以品尝、可以体验、可以购买带回家的实体。

北京有休闲农业与乡村旅游独特而广阔的发展空间，政府重视、农民增收、市民乐享、城乡互动，北京休闲农业与乡村旅游发展新的历史时期已经到来！

# 自驾游应急事件处理锦囊

## 一、山区道路行车

山区道路行车需要有一定的驾驶技术和经验，下面说明几个应注意的问题。

（一）行车前应先检查脚刹、手刹是否正常、有效，然后检查四个轮胎的胎压是否正常，如果近期掉换过轮胎，再检查一下螺栓是否有松动。

（二）清理后备厢的杂物，不用的物品将其卸载，其余物品最好装在一个纸箱或容器内，以免车辆颠簸导致物品损坏或发出响声。

（三）山区道路行驶，最好用一挡起车，但如果不是上坡的路段，如需要也可以临时用二挡起车。

（四）上坡时应根据其坡度选择合适的挡位行进，为了保险起见，当坡度较陡时应采用较低的挡位（一、二、三挡），匀速前进。尽量避免由于动力不足造成上坡过程中的降挡操作。

（五）下坡时如果前方的道路不是很直很长，建议不要增挡，用原挡位来牵制车辆的行驶速度，未遇见特殊情况尽量不要踩刹车（特别是在雪天或雨天）以防侧滑。用油门的大小或怠速来控制行车速度，严禁踩下离合器空挡滑行或熄火行进。

（六）山区道路行驶需要停车时，尽量在平坦和视野良好的路段停车，如果在坡路停车，踩刹车后应大力将手刹拉紧（比平时手刹要多拉紧1～2格），然后熄火将变速杆放入一挡以防溜车。

（七）遇到一面是山一面是悬崖时，有交通标志线的要按线行驶，无标志线的靠山一侧的应尽量靠里行驶，以给对面车辆让出足够的空间。靠外侧的车辆要稳速行进，在条件允许的路况下，尽量不要太向里靠，以给对方车辆通过提供方便。

（八）遇雪天、雨天、雾天应将前后雾灯打开并要降低挡位低速行驶，尽量不要紧急制动，适当减少刹车的次数以确保安全。

（九）过山路：山路一侧靠山，另一侧为悬崖或河流，路面窄，弯道多，山洞多，视野有限，对面来车不易预先发现，给行车安全带来威胁。此时应选择道路中

间或靠山的一面行驶，转弯时应牢记"减速、鸣号、靠右行"的要领，随时注意对面来车和路况。遇到危险路段应停车察看清楚，在确保安全的前提下慢速通过，同时应注意车厢及车上物品勿与山体碰撞。

（十）通过沟渠：车辆跨越浅沟应低速慢行，并斜向交叉进入，使一轮跨离沟渠，同轴的另一轮进沟。跨越较深的沟渠，应用一挡通过，车辆如有全驱动装置应将其启动。进入沟底时应加大油门使车轮快速爬上沟顶。

（十一）通过溪谷和沟壑：沟壑一般由流水冲刷而成，应选择适当的位置通过。通过前应先停车观察，然后低速接近，到达岸边时，应以刹车控制车轮缓慢进入溪谷，让前轮同时落到谷底，随后加速到正常行驶速度，在前轮接触对岸时加大油门爬上坡顶。

（十二）通过陡坡：遇到陡坡应及时正确判断坡道情况，根据车辆爬坡能力提前换中速挡或低速挡。要保持车辆有足够动力，切不可等车辆惯性消失后再换挡，以防停车或车后溜。如被迫停车，应在停稳后再起步，以免损坏机件甚至造成事故。万一换挡未果造成车辆熄火后溜，不要慌张，应立即使用脚刹和手刹将车停住（千万不要踩离合器）。如果仍然停不住车，应将方向盘转向靠山一侧，用车尾抵在山体上，利用天然障碍使车停下。下坡时可利用发动机的牵阻作用和脚制动控制车速，禁止滑行和尽量避免使用紧急制动。

（十三）在每次途中休息时，最好环绕汽车检查一圈，排除轮胎、制动、转向和货物等方面的小问题。长途驾驶和在城市里开车很不一样，在偏僻地段，行人和车辆的交通法规意识相对淡漠，所以在路上最好不要碰着人少车少的路段便一路狂飙，要警惕突发情况。

（十四）山区砂石道路：在砂石路上，应保持足够的前后车距，靠右行驶，不要占别人的道。上坡时要选择合适的挡位，以保持发动机有足够的动力；下坡时，应选取与上坡时相同的挡位，不要长时间使用刹车，尽量使用发动机制动。严禁在不使用刹车时把脚放在刹车上，同样要禁止把脚放在离合器上。

## 二、农村集镇行车

在经过农村和小集镇时，要提高警惕，随时注意路边的行人和车辆，并尽量降低车速，缩短前、后车距。要随时防止岔路上横穿的行人和车辆。

## 三、草原行车

（一）在刚下过雨的草原开车极有可能陷入泥泞，这时不能慢慢加油门，也不要一直踩着油门不放，因为这样会令车轮继续打滑。要猛踩油门，突然加速，突然放开油门，所有动作要在1秒内完成，而且可能要重复十几次才能脱离困境。

（二）雨后道路泥泞，前面有车开过后，有可能形成很深的车辙，或把路面压成了砂路，这时最好换一条新

路。当然，如果大家都在草原上开，对草原植被的破坏很大，应尽可能选择植被不那么丰茂的荒地开路。

（三）雪天在草原上开车，原则上不应踩刹车，尤其下坡时，有手刹一定用手刹，因草原路面对车的抓地性能要求较高；最好用防滑胎或防滑链，不过防滑链对道路损坏很大。还有遇到最危险的冰路时，要比平时加大转弯半径，保持匀速，如果预知会下雪，这时开四轮驱动的车为好，并给出足够的时间余量。

（四）如果草原很久没下雨雪，草根会很坚硬，此时最好不要轻易在草原上开车，以免草根扎坏轮胎。

## 四、高速公路行车

（一）上高速公路前一定要对车辆作细致的检查。第一，要检查燃油量。汽车高速行驶，燃料的消耗要比预想的多。以每公里油耗10升的车为例，时速为50公里时行驶100公里耗油10升，而在高速公路以时速100公里行驶100公里将耗油16升左右。高速行车油耗明显增加，因此，高速行驶时，燃料要准备充分。

（二）检查轮胎的气压。汽车在行驶中，轮胎将产生压缩及膨胀，即所谓的轮胎变形，特别在轮胎气压较低、车速较高时，这种现象更加明显，此时轮胎内部异常高温，将产生橡胶层与覆盖层分离，或外胎面橡胶破碎飞散等现象而引起爆胎，发生车辆事故。因此高速行驶前，轮胎的气压要比平时高一些。

（三）要检查制动效果。汽车的制动效果对行车安全有着举足轻重的地位。在高速公路上行驶，更要注意制动效果。出发前，应先低速行驶检查制动效果，发现有异常时，一定要进行维修，否则，极有可能引起重大事故。

（四）对机油、冷却液、风扇皮带、转向、传动、灯光和信号等一些部位的检查也不容忽视。做完检查工作后，我们就可以上高速公路了。

（五）正确进入行车道。车辆从匝道入口进入高速路，必须在加速车道提高车速，并打开左转向灯，在不影响行车道上车辆正常行驶时，从加速车道进入行车道，而后关闭转向灯。

（六）保持安全距离。车辆高速行驶中，同一车道

内的后车必须与前车保持足够的安全距离。经验做法是，安全距离约等于车速，当车速为100公里/时，安全距离为100米，车速为70公里/时，安全距离为70米，若遇雨、雪、雾等不良天气，更需加大行车间隙，同时也要适当降低车速。

（七）谨慎超越车辆。需超车时，首先应注意观察前、后车状态，同时打开左转向灯，确认安全后，再缓慢向左转动方向盘，使车辆平顺地进入超车道，超越被超车辆后，打开右转向灯，待被超车辆全部进入后视镜后，再平滑地操作方向盘，进入右侧行车道，关闭转向灯，严禁在超车过程中急打方向。

（八）正确使用制动。高速公路上行车，使用紧急制动是非常危险的，因为随着车速的提高，轮胎对路面的附着能力下降，制动跑偏、侧滑的几率增大，使汽车的方向难以控制，同时，若后车来不及采取措施，将发生多车相撞事故。行车中需制动时，首先松开加速踏板，然后小行程、多次轻踩制动踏板，这样点刹的做法，能够使制动灯快速闪亮，有利于引起后车的注意。

## 五、车队行驶中灯光信号使用

（一）车队长途行驶中，为避免旅途疲劳驾驶带来的安全隐患，1号指挥车应每隔一段时间用对讲机呼叫后车，求证后车的精神状态。后车收到呼叫后，应即时回应。

（二）打右转向灯并减速贴右停靠——后方车辆依次打灯，并沿前车轨迹贴向右侧，停车时尽量缩短车距。尾车停稳后开启故障灯信号。全车队关闭大灯，转换成示宽灯（灯光组合开关第一挡位）。

（三）除1号指挥车外，队列中其余车辆严禁常亮远光灯。只能在必要时短暂使用。

（四）2号车以后车辆，正常行驶过程中，发现前车后雾灯或刹车常亮有碍视线时，短闪远光灯一下，稍作停顿，可重复进行（或用对讲机呼叫前车），以提醒前车关闭。

（五）所有车辆临时停车不要常踩刹车踏板。应拉起手刹制动，免得后车感觉刺眼，引起视觉疲劳。

········· **Part 2** 特殊天气驾车技巧 ·········

## 一、风中驾车避险

（一）城市街道以及两幢大楼之间，风速会明显加大，因此，在穿越高楼之间或狭长通道时要特别小心。

（二）遇到风沙天气，小型车要特别注意大型货车行驶中产生的侧向风，司机可以小幅度地打方向盘，修正车的前进方向，千万不能大幅度地回轮。

（三）停车不要紧靠马路边上。沙尘天气风大时，车主停车时应远离楼房、广告牌和枯树。

## 二、大雾袭来应对

（一）控制车速，在与前车保持好车距的同时，打开前后雾灯，如果没有雾灯，可以打开双闪灯，可开近光灯，但别开远光灯。

（二）勤按喇叭，警告行人和车辆。

（三）紧盯大车，勿忘方向。气温低、湿度大的时候，路面极易形成薄霜，为避免紧急制动，跟在大车后面走是不错的办法，但一定要注意与前车保持距离。

（四）宁走中间，不沿路边。在大雾中，可以尽量利用有限的视距，盯住路中的分道线行驶，但一定注意不

要压线行驶，否则会车将很危险。同时千万不要沿着路边行驶。

（五）及时除雾，切忌边走边擦。由于驾驶室内外温差较大，挡风玻璃内侧面常常会蒙上一层薄薄的雾，此时可使用空调的除雾挡快速除雾或将车窗打开一条缝。

（六）停车后乘员远离车。如果雾太大，可以将车紧靠路边停放，打开雾灯、近光灯和双闪灯，最重要的是，停车后，所有人都要从右侧下车，离开公路尽量远一些，千万不要坐在车上。如果是停在高速公路的紧急停车带，人最好能翻过护栏，到路基外面等候，避免被莽撞的车碰到。

## 三、雪后路滑行车

（一）雪地路面附着系数非常低，车轮容易打滑，所以行车速度要更低。行进中车速要防止过快，避免猛加速。需要加速或减速时，油门应缓缓踏下或松开，以防驱动轮因突然加速或减速而打滑。

（二）冰雪路容易发生追尾事故，所以要增大行车间距，行车间距要比无雪干燥路面时增大 4～5 倍。用脚制动时，应以点刹方式，即轻踩轻抬，不要一脚踩死。没有 ABS 的车尤其要注意防止侧滑。

（三）雪融化后再次结冰，路面更滑，汽车行驶时车轮打滑，制动时更容易溜，给汽车行驶和制动都带来困难。为确保行驶安全，车速应控制在安全速度以内。

（四）在积雪较深的路面上行驶，要跟着前车的车辙行驶，因为前车已把松软的雪压实，可防止陷入深雪之中。

（五）尽量避免在冰雪路上超车，一是因为冰雪路上不宜加速，二是清扫路面积雪时把雪堆在路边，使路面变窄，这些都是超车的不利因素。实在需要超车时，一定要选择宽敞、平坦、冰雪较少的路段，不得强行超车，而且超过前车千万不要马上向回变线，而要尽量给被超车留出安全距离。

（六）雪后起步时若发现轮胎已被冻结于地面，应先用十字镐挖开轮胎周围的冰雪、泥土，以防损坏轮胎和传动机件。若驱动轮打滑，应铲除车轮下的冰雪，并在驱动轮下撒些干沙、煤渣、柴草等物，以提高附着力。

（七）驾车拐弯要特别注意避开弯道内的积雪、结冰。冰雪路无法避开时，一定要提早减挡减速、缓慢通过。车速降下来后，应采取转大弯、走缓弯的办法，不可急转方向，更不可在弯道中制动或挂空挡。

（八）停车尽量选没有冰雪的空地，拉紧手刹挂挡。需要在冰雪路面上停车时，应选择朝阳、避风、平坦干燥处停放，不得紧靠建筑物、电线杆或其他车辆，以防侧滑时碰撞。若必须在坡道上停车，应挂挡、拉紧手刹，并在车轮下填塞三角木、石块等，以防汽车溜坡。

（九）由于积雪对阳光的反射强，易使驾驶员双目畏光、流泪，视力下降（即雪盲症），因此，行车中应戴浅色眼镜，并注意休息。

············ **Part 3** 行车游览注意事项 ············

## 一、行车游览

行车途中碰到临时发现的美景或趣味之地，在停下游玩、摄影的同时要注意以下几点：

（一）车队停车区域尽量远离道路，减少阻障的影响。

（二）注意检查停车区域地面有无下沉、崩塌的可能性。

（三）摄影活动注意身边地形，防止跌落危险。

## 二、环保措施

避免多个队伍在同一时间走相同线路，因为人数过多会对当地的植被造成一定的破坏，特别在生态脆弱地区；应备有垃圾回收袋，产生的垃圾应该及时回收入袋带回。特别对难以分解、降解的垃圾严禁遗留在活动区域；另在活动过程中发现的垃圾尽可能地回收带回。

# 自驾游车上装备检查表

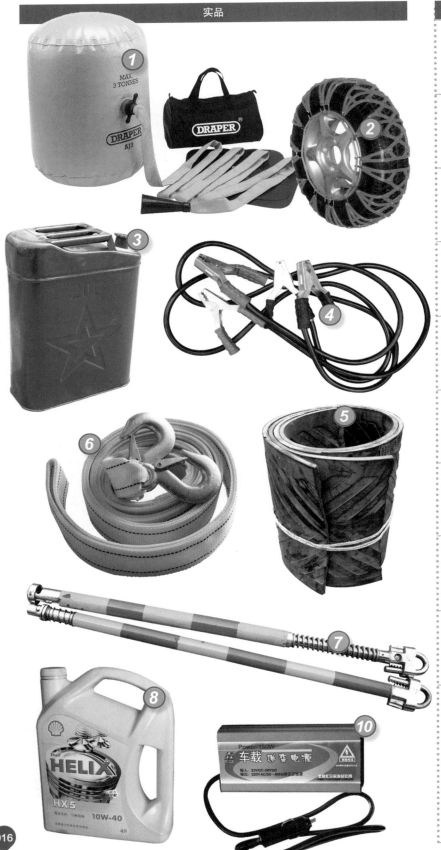

| | 装备名称 | 参考价格 | 装备说明 |
|---|---|---|---|
| | 实品 | | |
| 1 | 充气千斤顶 | 约800元／个 | 须准备4吨加强型 |
| 2 | 防滑链 | 约500元／组 | 冬季雪地使用 |
| 3 | 备用油箱 | 约400元／个 | 容积20升 |
| 4 | 电瓶连线 | 约50元／组 | |
| 5 | 防沙防滑垫 | 约500元／张 | 2张 |
| 6 | 拖车绳 | 约50元／条 | |
| 7 | 拖车杠 | 约150元 | |
| 8 | 备用机油 | 约180元／瓶 | |
| 9 | 备用轮胎 | 约700元／个 | |
| 10 | 逆变器 | 约300元／个 | 500瓦。将车上12伏电压转换成220伏，可用于笔记本电脑，手机、照相机等电器充电 |

| | 装备名称 | 参考价格 | 装备说明 |
|---|---|---|---|
| 11 | 其他随车工具 | 约200元/套 | 根据所驾车型配备，比如改锥，扳手等修车用的工具 |
| 12 | GPS导航仪 | 1000元/台起 | 或准备北京详细地图及旅游路书 |
| 13 | 雨具（雨伞、雨衣、雨鞋等） | — | 防雨、防晒 |
| 14 | 热水瓶 | 150元/个 | 冬季饮水保温，若有加热功能更佳 |
| 15 | 防晒乳液或防晒油 | 约50元/瓶 | SPF30以上 |
| 16 | 墨镜 | 约400元/副 | 须具备偏光功能 |
| 17 | 遮阳帽 | 约100元/顶 | 须有帽檐 |
| 18 | 各种证件 | — | 包括身份证、驾驶证、保险、行车执照等 |
| 19 | 个人自备药品 | — | 慢性病常服药品，还有创可贴等外用药品 |
| 20 | 专业防寒衣裤（帽） | 300元/件起 | 严冬季节穿用，御寒能力需达-30℃ |

实品

惠
050-051
史庄子村

034-035
青菁顶自然风景区

惠
030-031
梦田薰衣草园

048-049
黄土坎村贡梨采摘园

惠
038-039
不老生态园

惠
046-047
北京青树林民俗饭庄

042-043
北京秀水生态农业观光园（楚乡人家）

032-033
奥仪凯源生态农业园

惠
036-037
百年栗园

044-045
来缘山庄

022-023
北京张裕爱斐
堡国际酒庄

026-027
天葡庄园

028-029
康顺达农业观光园

024-025
聚陇山庄

盛阳香

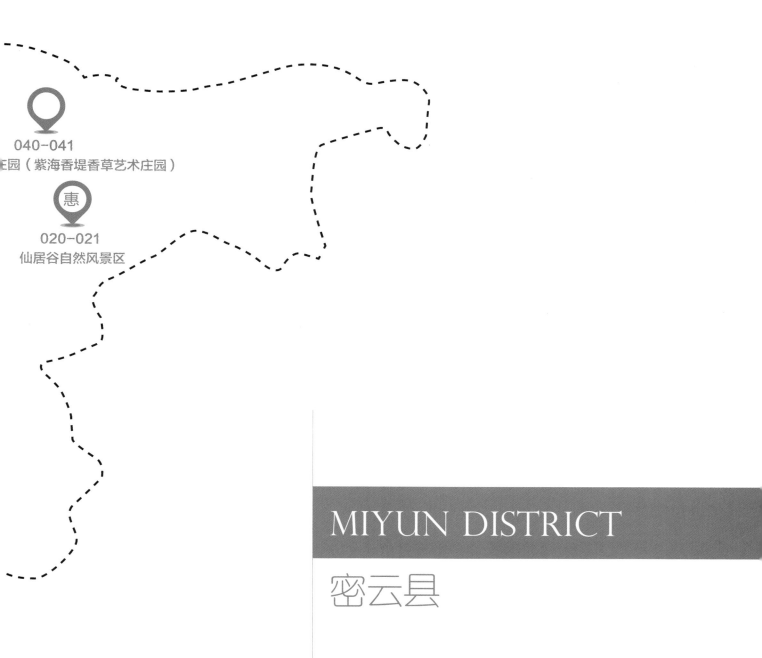

040-041
E园（紫海香堤香草艺术庄园）

惠

020-021
仙居谷自然风景区

MIYUN DISTRICT

密云县

# 密云县 仙居谷自然风景区

北京市级 ★★★★★

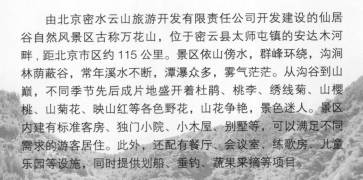

由北京密水云山旅游开发有限责任公司开发建设的仙居谷自然风景区古称万花山，位于密云县太师屯镇的安达木河畔，距北京市区约 115 公里。景区依山傍水，群峰环绕，沟涧林荫蔽谷，常年溪水不断，潭瀑众多，雾气茫茫。从沟谷到山巅，不同季节先后成片地盛开着杜鹃、桃李、绣线菊、山樱桃、山菊花、映山红等各色野花，山花争艳，景色迷人。景区内建有标准客房、独门小院、小木屋、别墅等，可以满足不同需求的游客居住。此外，还配有餐厅、会议室、练歌房、儿童乐园等设施，同时提供划船、垂钓、蔬果采摘等项目。

## 👍 推荐理由

仙居谷自然风景区景区内的景点"高山湖泊"是湖水随山势镶嵌在青山林荫之中而成的；沿湖边小道走到湖的尽头便是名为"抗日洞"的天然石洞。顺谷前行更有传说中仙女沐浴的地方——仙人池。采摘之余，游山戏水，居林间木屋，还可划船、垂钓，真是偷得浮生半日闲。

## 采摘品种

可采摘核桃、栗子、榛子、桑葚、李子、桃、山楂等山果以及松蘑等山珍，以及葫芦、花生、草莓和时鲜瓜菜等。

特别推荐 1：李子采摘。红色、紫色、黄色的李子点缀在绿叶中，不仅口感绝佳，而且景色宜人。

特别推荐 2：时鲜瓜菜采摘，从早春的香椿、鲜蒜到晚秋的大白菜等各季时令瓜菜景区内基本都有种植，任何时节来，你都不会空手而归。

## 顺路玩

### 1. 古北水镇

位于北京市密云县古北口镇，背靠中国最美、最险的司马台长城，坐拥鸳鸯湖水库，是京郊罕见的山水城结合的自然古村落。

门票：150 元 / 人，导游票：200 元 / 人，古北水镇 + 司马台长城优惠套票 110 元 / 人。

开放时间：8：00 ～ 17：00，16：30 停止售票。联系电话：010-81009999。

推荐理由：美丽乌镇的升级版。

### 2. 司马台长城

位于密云县古北口镇司马台村古北水镇。

门票：40 元 / 人（需预约），导游票：100 元 / 人。

开放时间：9：00 ～ 16：30，14：00 停止换票。联系电话：010-81009999。

推荐理由：我国唯一一处保留明代原貌的长城，联合国教科文组织确定其为"原始长城"。

吃在庄园：仙居谷餐厅，农家有机特色美食，住宿则免费提供三餐。可零点，有烧烤等，人均消费 50 元。

美食推荐 1：梅家肉饼。由河北省著名的梅家第五代传人亲手制作，曾在北京电视台播出，凡品尝过的人都赞不绝口。

美食推荐 2：烧烤。霓虹灯下，伴着音乐、喝着啤酒、露天烧烤，饱尝郊游乐趣。

## Day 1

8:00 望和桥出发
10:00 可到达古北水镇或司马台长城
10:00~15:00 在景区内游玩、拍照，午餐在景区或周边农家院
15:00~16:00 驱车前往仙居谷自然风景区

16:00~18:00 办理入住，休息
18:00~20:00 在景区内晚餐
20:00~22:00 自由活动

## Day 2

8:00~9:00 早餐
9:00~11:00 在景区内登山、观景、赏花、拍照、采摘
11:00~13:00 园区内午餐、退房
13:00 返程

## 望和桥→仙居谷自然风景区　详细路书

总里程：124.2 公里

| 编号 | 起点 | 公里数 | 照片编号 | 道路状况 |
|------|------|--------|----------|----------|
| 1 | 北四环望和桥 | 0 | 1 | 高速公路 |
| 2 | G45 大广高速（京承高速）收费站 | 6.5 | 2 | 高速公路 |
| 3 | 太师屯出口 | 107.5 | 3 | 高速公路出口 |
| 4 | 出口右转进入京密路 G101 国道 | 0.2 | 4 | 国道道路 |
| 5 | 沿京密路行驶，朝新城子、雾灵山方向，稍向右转进入松曹路 | 2.0 | 5 | 郊区道路 |
| 6 | 沿松曹路直行，路右侧下道，即可到达终点 | 8.0 | 6 | 郊区道路 |

### DATA

名称：仙居谷自然风景区
简称：仙居谷
星等级：市级 5 星
坐标值：N40°35'10.60"；E117°13'39.25"
地址：北京市密云县太师屯镇令公村北
联系电话：010-69035388
联系手机：15011101599
传真：010-69035388
E-MAIL：xianjugu@126.com
网址：www.xianjugu.com
银联卡：可用
信用卡：VISA，MASTER
停车场地：有 100 个车位

**代金券**
**门票 8.5 折** 惠
* 截止 2015 年 12 月 31 日，每周周一到周四使用

微信扫一扫
获取电子优惠券

## 密云县　北京张裕爱斐堡国际酒庄　北京市级 ★★★★★

北京张裕爱斐堡国际酒庄位于京郊密云，是由烟台张裕集团融合法国、美国、意大利、葡萄牙等多国资本，投资7亿余元，于2007年6月全力打造完成的。酒庄现为国家4A级旅游景区、全国休闲农业与乡村旅游五星级园区，酒庄占地1500亩，整体建筑呈欧式风格。爱斐堡聘请前国际葡萄与葡萄酒局（OIV）主席罗伯特·丁罗特先生为酒庄名誉庄主，参照OIV对全球顶级酒庄设定的标准体系，在全球首创了爱斐堡"四位一体"的经营模式；即在原有葡萄种植及葡萄酒酿造基础上，爱斐堡还配备了葡萄酒主题旅游、专业品鉴培训、休闲度假三大创新功能，开启了世界酒庄新时代。

### 推荐理由

北京张裕爱斐堡国际酒庄是京郊唯一一个以葡萄酒文化为主题的国家4A级旅游景区。在这里您可以了解酿酒葡萄的种植、酿造，以及葡萄酒在气势恢弘的现代化酒窖中陈酿的过程，感受专业的葡萄酒文化，品尝葡萄酒佳酿，这里是畅享葡萄酒生活的欢乐天堂。随着电视剧《咱们结婚吧》的热播，作为该剧欧式城堡婚礼的实景拍摄地，张裕爱斐堡也成为恋人们向往的爱情见证地。同时，酒庄极具视觉冲击力的是1:1比例建造的欧洲小镇和优美的田园风光，都能让您领略异域风情，加上空气中弥漫着成熟的葡萄散发的香味，很容易就沉醉在真实的童话场景里。

### 采摘品种

樱桃、葡萄。

### 采摘周期

樱桃每年5月中旬，葡萄每年8月初至10月初。

特别推荐1：金星无核、维多利亚、里扎马特、摩尔多瓦等不同成熟期的鲜食葡萄40余种。

### 顺路玩

**1. 北京冶仙塔旅游景区**

位于密云县檀营镇。

门票：40元/人。开放时间：9：00～17：00。

开放时间：010-69091102。

推荐理由：北倚冶山，南邻潮白二水，风景秀丽，是夏季游玩的好去处。

**2. 首云国家矿山公园**

国土资源部正式批准的国家矿山公园，位于北京市密云县巨各庄镇。

门票：68元/人。

开放时间：8：00～16：00。联系电话：010-61039584；010-61039585。

推荐理由：以矿业旅游为主轴，集拓展训练、真人CS野战、铁人训练营等主题休闲体验区等于一体。

吃在庄园：除每季度推出的时令菜外，中餐有谭家菜、粤菜、官府菜，另有豆腐宴、鱼宴等密云特色菜、胶东半岛特色宴、国宴，还提供法式西餐、核桃林烧烤等。

美食推荐1：霞多丽香煎鳕鱼柳配葡萄奶油汁。
美食推荐2：赤霞珠果木烤牛排配红酒黑椒汁。

## Day ① 

8:00 望和桥出发
9:30 可到达北京冶仙塔旅游景区或首云国家矿山公园
10:00~15:00 在景区内游玩、拍照，午餐在景区或周边农家院

15:00~16:00 驱车前往北京张裕爱斐堡国际酒庄
16:00~18:00 办理入住，休息
18:00~20:00 在庄园内晚餐，享受不同风格的国度风味
20:00~22:00 自由活动

## Day ②

8:00~9:00 早餐
9:00~11:00 在庄园内游览，品味红酒，拍照、采摘
11:00~13:00 园区内午餐、退房
13:00 返程

### 望和桥→北京张裕爱斐堡国际酒庄　详细路书

总里程：71.5公里

| 编号 | 起点 | 公里数 | 照片编号 | 道路状况 |
|---|---|---|---|---|
| 1 | 北四环望和桥 | 0 | 1 | 高速公路 |
| 2 | G45大广高速（京承高速）收费站 | 6.5 | 2 | 高速公路 |
| 3 | 穆家峪出口 | 64 | 3 | 高速公路出口 |
| 4 | 出口至新农村桥左转，巨各庄、兴隆方向，进入密三路 | 0.2 | 4 | 郊区道路 |
| 5 | 沿密三路直行至蔡家洼村口，右转进入宁蔡路，左侧即可到达终点 | 0.8 | 5 | 郊区道路 |

### DATA

名称：北京张裕爱斐堡国际酒庄有限公司
简称：张裕爱斐堡酒庄
星等级：国家级：5星，市级：5星
坐标值：N40°22'38.6"；E116°53'37.4"
地址：北京市密云县巨各庄镇东白岩村南
邮编：101500
联系电话：010-89092999
旅游咨询电话：13720008896
传真：010-89092569
E-MAIL：676296620@qq.com
网址：www.changyuafip.com
银联卡：可用
信用卡：可用 VISA 卡
停车场地：有 300 个停车位

终极路书

北京冶仙塔旅游景区

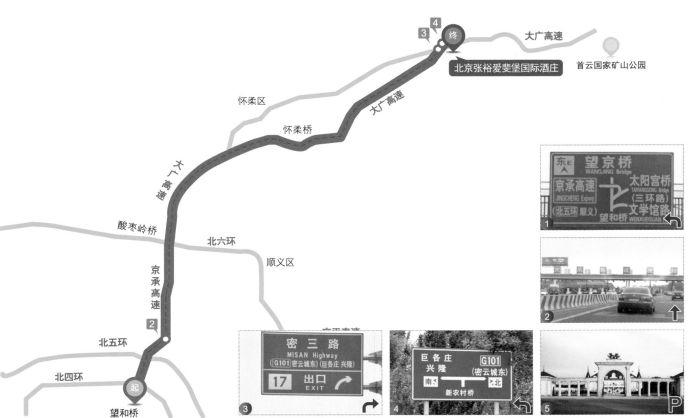

# 密云县 ▸ 聚陇山庄　　北京市级 ★★★★★

聚陇山庄位于蔡家洼园区内。蔡家洼产业园区地处密云水源保护区，拥有面积5000亩有机大樱桃采摘园、已建好绿光鲜境南方果园，种植有18座阳光温室暖棚，如香蕉、杨桃、木瓜、莲雾、龙眼、火龙果等二十余种南方热带水果，结合蔡家洼非物质文化遗产五音大鼓，开展农业观光和民俗旅游，形成了看、玩、吃、购、娱一条龙的生态、休闲农业园区，成为北京市民休闲观光、娱乐、体验的首选去处。

园区目前拥有面积2000平方米的科普展厅，专为学生打造，以农业发展史为主轴，设置出多个展厅，倡导低碳环保，保护地球等主题，让孩子在玩中学、学中玩，达到寓教于乐的目的。

## 推荐理由

走进聚陇山庄热带生态大棚，有种时空交错的感觉——走进杨桃棚，仿佛来到了海南岛；走进柚子棚，仿佛走进了广东沙田；走进香蕉棚，好像来到了西双版纳……这些我们经常食用的热带水果长在树上原来是这样子啊！

## 采摘品种

有机绿叶蔬菜、木瓜、小番茄、迷你小黄瓜、迷你西瓜、草莓等。

特别推荐1：台农一号木瓜（采摘期从五一至十一）。

特别推荐2：草莓（采摘期从春节前后至五一）。

## 顺路玩

**1. 北京冶仙塔旅游景区**

详细请见前文P22。

> **吃在庄园**：特色豆腐宴餐厅，平均消费约45元/人。水上餐厅，平均消费约80元/人。
>
> **美食推荐**：东坡及第、乌龙出海。

## Day ① / ② Route 建议行程

**Day ①**

8:00 望和桥出发
9:30 可到达北京冶仙塔旅游景区
10:00~15:00 在景区内游玩、拍照，午餐在景区
或周边农家院

15:00~16:00 驱车前往聚陇山庄
16:00~18:00 办理入住，休息
18:00~20:00 在庄园内晚餐
20:00~22:00 自由活动

**Day ②**

8:00~9:00 早餐
9:00~11:00 在庄园内游览，感受异国风情，拍照、采摘
11:00~13:00 园区内午餐、退房
13:00 返程

## 望和桥→聚陇山庄 详细路书

总里程：74.4 公里

| 编号 | 起点 | 公里数 | 照片编号 | 道路状况 |
|------|------|--------|----------|----------|
| 1 | 北四环望和桥 | 0 | 1 | 高速公路 |
| 2 | G45 大广高速（京承高速）收费站 | 6.5 | 2 | 高速公路 |
| 3 | 京承高速 17 出口 | 64 | 3 | 高速公路出口 |
| 4 | 出口至新农村桥左转，巨各庄、兴隆方向，进入密三路 | 0.2 | 4 | 郊区道路 |
| 5 | 沿密三路直行至蔡家洼村口，右转进入宁蔡路 | 0.7 | 5 | 郊区道路 |
| 6 | 沿宁蔡路直行，见华力文化艺术中心广告牌，左转继续驶入宁蔡路 | 0.9 | 6 | 郊区道路 |
| 7 | 沿宁蔡路行驶，即可到达终点 | 2.1 | 7 | 郊区道路 |

**DATA**

名称：聚陇山龙
坐标值：N40.35°，E116.9°
地址：北京市密云县巨各庄镇蔡家洼村甲一号
邮编：101500
联系电话：010-89093636，13601122590
E-MAIL：xjwyly@126.com
银联卡：可用
停车场地：停车数量 300 辆
门票项目：门票 60 元 / 人，持学生证、残疾人证、军官证者、老年证者可享优惠票 40 元 / 人，1.1 米以下儿童免票。

北京冶仙塔旅游景区

大广高速

聚陇山庄

怀柔区

怀柔桥

大广高速

大广高速

酸枣岭桥

北六环

顺义区

京承高速

大广高速收费站
北五环

北四环

望和桥 起

# 密云县 ▶ 天葡庄园

北京市级 ★★★★

天葡庄园是一家集葡萄采摘、酿酒、美食、住宿、观光休闲于一体的综合性园区。第一园区，位于密云县巨各庄镇，占地面积 300 多亩；第二园区，位于延庆县沈家营镇，占地面积 1500 亩。天葡庄园是密云县和延庆县第一家利用现代农业设施种植鲜食葡萄的园区，共有约 40 个国际国内顶尖葡萄品种，如夏黑、金手指、京香玉等。游客不仅可以享受葡萄采摘的乐趣，还可以亲身参与酿制葡萄酒的全过程。劳动是快乐的，劳动之后吃地道农家美食更是格外香甜，再喝上一点手工酿制的葡萄美酒，别有一番滋味在心头。天葡庄园一游一定会让人有"此情无计可消除，才下眉头，却上心头"之感！

## 👍 推荐理由

这是一个非常好的葡萄采摘地点，园区很干净，伴着葡萄的特有甜香，大人和孩子走起路来都会萌萌哒的。葡萄串很大，每粒葡萄很饱满。金手指葡萄、夏黑葡萄都是难得的珍品。

## 采摘品种

葡萄。有十几种国际国内顶尖葡萄品种。

## 采摘周期

6月中旬 ~ 10月以及元旦、春节。
特别推荐 1：夏黑葡萄（获世界金奖葡萄）。
特别推荐 2：金手指葡萄（创世界吉尼斯纪录葡萄）。

## 顺路玩

**1. 首云国家矿山公园**

详细请见前文 P22。

| 吃在庄园：特色农家饭（烧烤请提前预约）。 |
| --- |
| 美食推荐：侉炖鱼。 |
| 美食推荐：烧烤。 |

## Day ①

8:00 望和桥出发
9:30 可到达北京首云国家矿山公园
10:00~15:00 在景区内游玩、拍照，午餐在景区
或周边农家院

15:00~16:00 驱车前往天葡庄园
16:00~18:00 办理入住，休息
18:00~20:00 在庄园内晚餐
20:00~22:00 自由活动

## Day ②

8:00~9:00 早餐
9:00~11:00 在庄园内游览，观赏品种众多的葡萄，拍照、采摘
11:00~13:00 园区内午餐、退房
13:00 返程

**Day Route 2 日游 建议行程**

## 望和桥→天葡庄园 详细路书

总里程：75.2 公里

| 编号 | 起点 | 公里数 | 照片编号 | 道路状况 |
|---|---|---|---|---|
| 1 | 北四环望和桥 | 0 | 1 | 高速公路 |
| 2 | G45 大广高速（京承高速）收费站 | 6.5 | 2 | 高速公路 |
| 3 | 穆家峪出口 | 64 | 3 | 高速公路出口 |
| 4 | 出口至新农村桥左转，巨各庄、兴隆方向，进入密三路 | 0.2 | 4 | 郊区道路 |
| 5 | 沿密三路直行，即可到达终点 | 4.5 | 5 | 郊区道路 |

### DATA 1 天葡庄园（密云）

名称： 北京利农富民葡萄种植专业合作社（天葡庄园）
星等级： 密云县 4 星园区
地址： 北京市密云县巨各庄镇黄各庄村村南 200 米（巨各庄中学南）
邮编： 101501
联系电话： 13901186094
联系手机： 010-61069199
银联卡： 可刷卡
信用卡： 可刷卡
停车场地： 有

### DATA 2 天葡庄园（延庆）

名称： 北京兴业富民果蔬种植专业合作社
地址： 延庆县沈家营镇
邮编： 101501
联系电话： 010-61065919
联系手机： 1391187587
银联卡： 可刷卡　　信用卡： 可刷卡
停车场地： 有

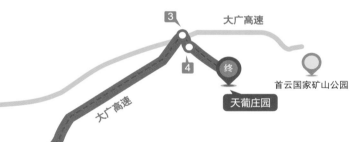

# 密云县 康顺达农业观光园

北京市级 ★★★★

北京康顺达农业科技有限公司是一家民营高科技农业企业，成立于2009年7月22日。农业观光园占地面积1000亩，注册资本2000万元，计划总投资4.2亿元，已投资1.2亿元，集生态基地、食品研发、生产加工、农业观光、休闲旅游和农业科普教育等功能于一体。公司总部下辖农业生态园区和营销客服中心。生态园区地处密云河南寨平头村西，比邻潮白河东岸，地块周边道路系统较发达，北邻单平路，西接左堤路。目前，该园区已建成温室大棚135栋，春秋大棚228栋，连栋温室3500平米，陆地种植面积350余亩，四季种植有机蔬菜、瓜果近百余品种。

## 推荐理由

康顺达的西瓜、甜瓜是主角，"纸皮西瓜""剥皮西瓜""独生子女瓜"也各有千秋。这里还有"康顺达有我一分田"有奖认耕活动和有机健康"DIY厨房"体验活动等。

## 采摘品种

西瓜、甜瓜、香瓜、草莓、葡萄等水果，香蕉西葫芦、水果苤蓝、水果黄瓜、美味红圣女果、紫花生和水果玉米等。

## 采摘周期

分档期，四季采摘。

特别推荐1：剥皮西瓜。"康顺达"种植的小西瓜，是北京农科院的专利产品，最大的特点就是皮薄约1.5毫米，切瓜不用刀，用指甲一划瓜皮就裂开啦，顺着裂纹可以把瓜皮一块块剥下来，瓜瓤红润，水分十足，吃在口里又甜又脆。

特别推荐2：团体采摘接待条件上乘，服务团队专业。有家庭亲子活动"妈妈去哪儿"等七个项目，助孩子成长。

## 顺路玩

### 1. 北京老爷车博物馆

位于怀柔区杨宋镇凤翔一园19号。是一家私人独资汽车博物馆。

门票：人均50元/人。

开放时间：4～10月8:30～17:30；11月～次年3月9:00～16:30。

联系电话：010-61677039。

推荐理由：北倚冶山，南邻潮白二水，风景秀丽，是夏季游玩的好去处。

### 2. 北京鹿世界主题园

请参见"怀柔区——北京鹿世界主题园"篇。（P56）

吃在庄园：自采、自钓和自助烹炒全程生态体验。

## Day 1

8:00 望和桥出发
9:00 可到达康顺达农业观光园
9:00~12:00 在园区内游玩、拍照、采摘，还可参加亲子活动
12:00~14:00 在园区内午餐，也可享受DIY厨房
14:00 可返程，或前往鹿世界主题园或老爷车博物馆游览

Day Route
日 游
建 议 行 程

## 望和桥→康顺达农业观光园　详细路书

总里程：55.1公里

| 编号 | 起点 | 公里数 | 照片编号 | 道路状况 |
|---|---|---|---|---|
| 1 | 北四环望和桥 | 0 | 1 | 高速公路 |
| 2 | G45大广高速（京承高速）收费站 | 6.5 | 2 | 高速公路 |
| 3 | 中影杨宋（杨燕路）出口 | 39 | 3 | 高速公路出口 |
| 4 | 出口进入杨燕路 | — | — | 郊区道路 |
| 5 | 沿杨燕路直行至影视城东口，右转杨宋方向进入怀耿路 | 2.0 | 4 | 郊区道路 |
| 6 | 沿怀耿路直行到头，过桥后左转进入左堤路 | 5.5 | 5 | 郊区道路 |
| 7 | 沿左堤路直行至单平路路口，右转进入单平路 | 1.7 | 6 | 郊区道路 |
| 8 | 沿单平路直行，即可到达终点 | 0.4 | 7 | 村级道路 |

### DATA

名称：康顺达农业生态园
简称：瓜呱世界
星等级：市级4星
地址：北京市密云县河南寨镇平头村西
邮编：101500
联系电话：010-61084077
传真：010-67497126
网址：www.ksdesd.com
银联卡：可用
信用卡：支持
停车场地：有

终 极 路 书

# 密云县 梦田薰衣草园

北京市级 ★★★★

梦田薰衣草园是北京少数可以看到纯正的英国狭叶薰衣草的地方，这种薰衣草与法国普罗旺斯薰衣草是同一品种，可以用来提炼最顶级的薰衣草精油。轻轻抚摸薰衣草，双手便沾满了薰衣草精油特有的甜香。每年夏天景区一片紫色的薰衣草花海，与普罗旺斯花期完全同步。同时，园区还开发了薰衣草饼干、薰衣草香枕、薰衣草沐浴 SPA 等特色薰衣草制品。园区在云峰山景区内，周边景色秀美，千年古刹、摩崖石刻群，景点众多，游客可在这里住童话树屋、吃到别具特色的养生素食，是休闲度假的好去处。

## 推荐理由

这里是视觉、嗅觉，还有味觉的全感官体验之旅，这里是浪漫的童话紫色花世界。薰衣草园分为两个大区，一个是乐梵缇薰衣草铺子为中心的，不仅有漂亮的薰衣草，还有英式小花园，还能买到不同的薰衣草产品。另一个是树屋周遭的薰衣草园，这一区的薰衣草的花季在 8 月。

## 采摘品种

黄土坎鸭梨。

## 采摘周期

8 ~ 9 月。

特别推荐 1：黄土坎鸭梨在清代就被列为"贡梨"。

**住在庄园**：有标间、大床房、日式榻榻米、三人间树屋和四人间树屋等，价位 368 ~ 5200 元。

**客房设备**：液晶电视、独立浴室、免费宽频上网、24 小时热水，树屋配置五星斯林百兰床垫，让游客可享受高端客房服务。

**旅店设施**：商务中心和会议室。

**吃在庄园**：特色农家饭（烧烤请提前预约）。

美食推荐 1：台湾凤梨酥。薰衣草和台湾的凤梨酥工艺相结合，制成独特的薰衣草凤梨酥。

美食推荐 2：花开富贵。采用天然多种花瓣做成的花枝丸。

美食推荐 3：茗园一绝。

美食推荐 4：东坡及第。选用精华大豆所提取的大豆精华，加特制蜜汁熬制。

## 顺路玩

### 1. 云峰山景区

位于密云水库北不老屯镇。

门票：35 元 / 人。

开放时间：8：00 ~ 17：00，停止售票时间：16：00。联系电话：010–81090865。

推荐理由：山奇峰美，有黄山之景。北京地区最古老寺庙之一的超胜庵坐落于此山顶谷中，小桥流水，石阶幽谷，摩崖石刻，古塔庙宇，南天门山石林立，成片栽植的薰衣草，林间树屋，回归自然的享受。

### 2. 密云水库

位于密云县城北 13 公里处。无门票，随意转。

推荐理由：北京最大的、也是唯一的饮用水源供应地。

## Day ①

8:00 望和桥出发

10:30 可到达梦田薰衣草庄园，办理入住

11:30~13:30 在园区内午餐，可品尝台湾风味，这里以素为主

13:30~17:00 在园区内游览和云峰山景区登山游

览、拍照

17:00~19:00 在园区内晚餐

19:00~22:00 自由活动，同时还有电影播放

## Day ②

8:00~9:00 早餐

9:00~10:00 游园

10:00 退房，可返程，或前往密云水库游玩，顺路可到黄土坎贡梨采摘园采摘贡梨

**2 Day Route 日游 建|议|行|程**

---

# 望和桥→梦田薰衣草园　详细路书

总里程：142 公里

| 编号 | 起点 | 公里数 | 照片编号 | 道路状况 |
|---|---|---|---|---|
| 1 | 北四环望和桥 | 0 | 1 | 高速公路 |
| 2 | G45 大广高速（京承高速）收费站 | 6.5 | 2 | 高速公路 |
| 3 | 太师屯出口 | 107.5 | 3 | 高速公路出口 |
| 4 | 出口左转进入京密路 G101 国道 | 0.2 | 4 | 国道道路 |
| 5 | 沿京密路行驶至松树峪路口，朝琉辛路／高岭方向，稍向右转进入密古路 | 0.3 | 5 | 郊区道路 |
| 6 | 沿密古路行驶至辛庄西口，朝高岭、琉璃庙方向，左转进入琉辛路 | 4.0 | 6 | 郊区道路 |
| 7 | 沿琉辛路行驶至石匣，向右前方进入不老屯方向，继续进入琉辛路 | 8.5 | 7 | 郊区道路 |
| 8 | 沿琉辛路行驶至燕落路口，右转向云峰山方向 | 12 | 8 | 村级道路 |
| 9 | 进村沿路行驶（沿途均有云峰山指示牌），即可到达终点 | 3.0 | 9 | 村级道路 |

## DATA

名称：梦田薰衣草园

地址：密云县不老屯燕落村

邮编：101500

联系电话：010-81098688

传真：010-81091863

E-MAIL：2216630177@qq.com

网址：http://www.yunfengshan.com

银联卡：可用

停车场地：有 10000 平方米停车场

**代金券 惠**

**门票 8 折**

* 截止 2015 年 12 月 31 日

微信扫一扫
获取电子优惠券

云峰山

终

梦田薰衣草园

密云水库

G111

密云县

顺义区

北六环

大广高速

望和桥

终极略书

# 密云县 奥仪凯源生态农业园

北京市级 ★★★

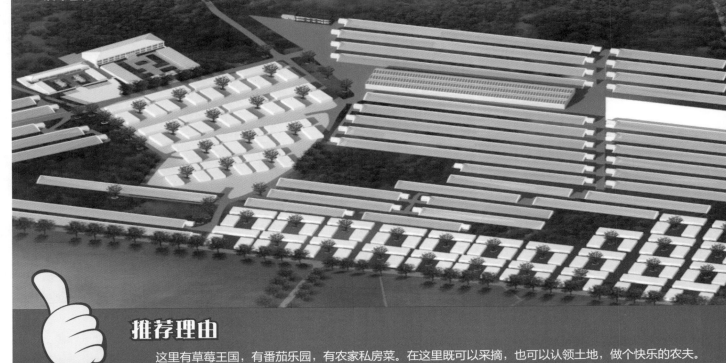

北京奥仪凯源蔬菜种植专业合作社成立于 2009 年 5 月 7 日，业务范围以农业技术咨询、技术服务，农产品及农副产品的科研开发、种植、销售为主。合作社占地面积 500 亩，远离城市和主要交通干线，空气洁净，四季分明，昼夜温差大，光照充足，土地肥沃，富含丰富的矿物质，有较强的保水保肥性能，是实施原生态鲜果生产，发展绿色农业的理想之地。主要种植草莓、樱桃、西红柿、梨等经济作物。

## 推荐理由

这里有草莓王国，有番茄乐园，有农家私房菜。在这里既可以采摘，也可以认领土地，做个快乐的农夫。

## 采摘品种

草莓、皇冠梨、圣女果，应季蔬菜。

特别推荐 1：独家自育小白草莓，世界草莓大赛获银奖。
特别推荐 2：百亩皇冠梨园。

## 顺路玩

**1. 北京冶仙塔旅游景区**
  详细请见前文 P22。

**2. 北京张裕爱斐堡国际酒庄**
  请参见"密云县——北京张裕爱斐堡国际酒庄"篇。（P22）

吃在庄园：乐农小馆。

美食推荐：台独家板蓝根饺子，农家柴鸡，自制酱牛肉和自种蔬菜。

### DATA

名称：北京奥仪凯源生态农业园，简称奥仪凯源。
星等级：市级 3 星
坐标值：N40.397°，E116.876°
地址：北京市密云县穆家峪镇前栗园村村北
邮编：101500
联系电话：010-61069188，13661168901
传真：010-61069098
E-MAIL：692461117@qq.com
网址：www.beijingyuanye.com
停车场地：有 50 个停车位

## Day ① 

8:00 望和桥出发
9:00 可到达奥仪凯源生态农业园
9:00~12:00 在园区内游玩、拍照、采摘
12:00~14:00 在园区内午餐
14:00 可返程，或前往北京冶仙塔旅游景区或北京张裕爱斐堡国际酒庄游玩

1 Day Route
日 游
建 | 议 | 行 | 程

### 望和桥→奥仪凯源生态农业园　详细路书

总里程：75.7 公里

| 编号 | 起点 | 公里数 | 照片编号 | 道路状况 |
|---|---|---|---|---|
| 1 | 北四环望和桥 | 0 | 1 | 高速公路 |
| 2 | G45 大广高速（京承高速）收费站 | 6.5 | 2 | 高速公路 |
| 3 | 穆家峪出口 | 64 | 3 | 高速公出口 |
| 4 | 出口至新农村桥右转，G101 国道、密云城东方向 | 0.2 | 4 | 郊区道路 |
| 5 | 沿路直行至东坝头桥路口，右转进入京密路 G101 国道（该路段无路牌） | 0.5 | 5 | 郊区道路 |
| 6 | 沿京密路 G101 国道行驶，见路右侧前栗园路牌，左转进入密云机场大门 | 1.2 | 6 | 国道道路 |
| 7 | 过密云机场大门，立即左转至密沙路 | 0.1 | 7 | 郊区道路 |
| 8 | 沿密沙路行驶，右转过铁路道口 | 2.3 | 8 | 郊区道路 |
| 9 | 过铁路道口后，立即右转 | 0.1 | 9 | 村级道路 |
| 10 | 沿路直行到岔口，向左前方行驶即可到达终点 | 0.8 | 10 | 村级道路 |

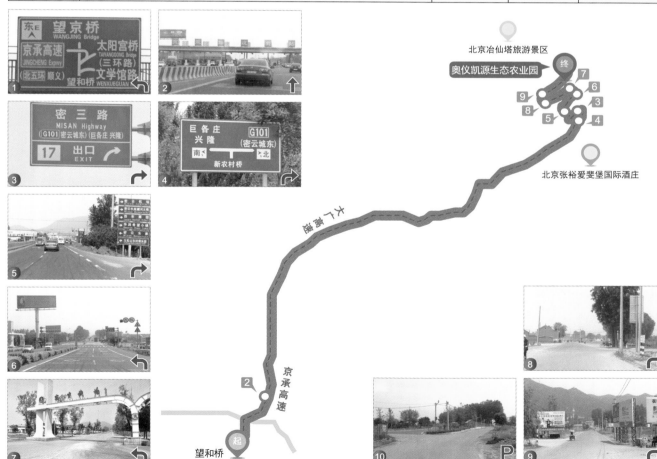

终
极
略
书

# 密云县 ❯ 青菁顶自然风景区

北京市级 ★★★

北京青菁顶旅游自然风景区位于北京市密云县石城镇境内，处于"青菁顶自然风景区"和横岭之间的大峡谷中，云蒙山地貌的第三阶梯，东临白河，西至"青菁顶"主峰，全程4公里，落差800米。是一处集旅游、休闲、餐饮、住宿、会议培训和采摘于一体的乡村酒店。

## 推荐理由

"青菁顶"自然风景区处于云蒙山地貌的第三阶梯，山体以花岗岩、片麻岩为主。景区内有幽深的峡谷，高悬的瀑布、碧绿的深潭和繁茂的林木。"青菁顶"风景区的果树数量多，品种全。这里常见的树种有桃树，杏树、核桃、板栗树等，游人们观景赏花的同时，可以在山野中尽情享受采摘品尝的乐趣。

## 采摘品种

可采摘野菜、杏、杏梅、蔬菜、李子、桃、核桃、板栗、枣、山楂和柿子。

## 采摘周期

野菜4月；杏5~6月；杏梅6~7月；桃、李子8~9月；板栗、核桃9~10月；枣、山楂10月；柿子11月。

特别推荐1：有机西红柿、有机黄瓜。
特别推荐2：有机板栗。

> 吃在庄园：青菁顶餐厅。
>
> 美食推荐1：烤全羊。
> 美食推荐2：水库鱼。

## 顺路玩

### 1. 黑龙潭

位于密云县石城镇鹿皮关北面一条全长4公里，水位落差220米的峡谷里。

门票：45元/人。

开放时间：8：00~17：00。联系电话：010-61025028。

推荐理由：春花、秋月、平沙、落雁、曲、叠、沉、悬潭等18个名潭散落在幽深的峡谷里，千姿百态。

### 2. 京都第一瀑

位于密云县石城乡北石城村，黑龙潭北3公里。

门票：40元/人。

开放时间：8：00~18：00。联系电话：010-69016268。

推荐理由：京郊水流量最大的瀑布。

## Day ① 

8:00 望和桥出发
10:30 可到达青菁顶
10:30~11:30 办理入住
11:30~13:30 在园区内午餐

13:30~17:00 在园区内游览、登山、拍照
17:00~19:00 在园区内晚餐
19:00~22:00 自由活动

## Day ②

8:00~9:00 早餐
9:00~10:00 采摘
10:00 退房后可返程，或前往黑龙潭或京都第一瀑游玩

# 望和桥→青菁顶自然风景区　详细路书

总里程：92.6 公里

| 编号 | 起点 | 公里数 | 照片编号 | 道路状况 |
|---|---|---|---|---|
| 1 | 北四环望和桥 | 0 | 1 | 高速公路 |
| 2 | G45 大广高速（京承高速）收费站 | 6.5 | 2 | 高速公路 |
| 3 | 密云出口 | 55 | 3 | 高速公路出口 |
| 4 | 出口至密云方向，盘桥出高速 | 0.1 | 4 | 高速延伸 |
| 5 | 出口后，进入宁村南桥一直北行，经顺密路、滨河路、密关路 | — | — | 郊区道路 |
| 6 | 沿密关路行驶至溪翁庄村口，左转继续驶入密关路 | 16 | 5 | 郊区道路 |
| 7 | 继续沿密关路行驶至白河大桥南口，向黑龙潭、琉璃庙方向左转，继续沿密关路行驶 | 12 | 6 | 郊区道路 |
| 8 | 沿密关路行驶，即可到达终点 | 3.0 | 7 | 郊区道路 |

## ▎DATA

名称：北京青菁顶旅游开发有限公司
简称：青菁顶
星等级：市级 3 星
地址：北京市密云县石城镇琉辛路 125 号（密云县黑龙潭北 1 公里）
邮编：101513　　　　联系电话：010-61025909
联系手机：13501365348　传真：010-61025880
E-MAIL：bjqqd@163.com　网址：www.bjqqjd.net
银联卡：可用　　　　信用卡：所有银行卡全部可用
停车场地：有 200 个停车位

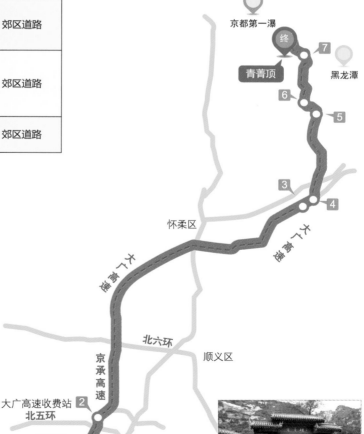

2015 年 北京四季采摘休闲攻略——100 条自驾游

终 极 路 书

# 密云县 百年栗园

百年栗园位于密云县穆家峪镇后栗园村东，占地 6000 多亩，会员农场集采摘、餐饮、休闲垂钓、养殖体验于一身的园区。

## 推荐理由

百年栗园散养的北京油鸡采食以密云水库独有的有机玉米为主，以青草、小虫为辅，鸡肉和鸡蛋都不含激素和农药残留。密云的好山、好水、好空气同时蕴育出百年栗园的有机杂粮、有机板栗、有机蜂蜜等产品。

## 采摘品种

时令果蔬和现场捡鸡蛋。

## 采摘周期

野菜 4 月；杏 5～6 月；杏梅 6～7 月；；桃、李子 8～9 月；板栗、核桃 9～10 月；枣、山楂 10 月；柿子 11 月。

## 顺路玩

**1. 北京冶仙塔旅游景区**
详细请见前文 P22。

**2. 北京张裕爱斐堡国际酒庄**
请参见"密云县——北京张裕爱斐堡国际酒庄"篇（P22）。

特别推荐 1：有机西红柿、有机黄瓜。
特别推荐 2：有机板栗。

吃在庄园：自助烧烤，88 元 / 人；餐厅有全鸡宴。
美食推荐：百年栗园全鸡宴，食材采用自产的北京油鸡、鸡蛋和蔬菜。

## Day ① Day Route 日游 建议行程

8:00 望和桥出发
9:00 可到达百年栗园
9:00~12:00 在园区内游玩、拍照、采摘
12:00~14:00 在园区内午餐，自助烧烤
14:00 可返程，或前往北京冶仙塔旅游景区或北京张裕爱斐堡国际酒庄游玩

## 望和桥→百年栗园　详细路书

总里程：73.7公里

| 编号 | 起点 | 公里数 | 照片编号 | 道路状况 |
|---|---|---|---|---|
| 1 | 北四环望和桥 | 0 | 1 | 高速公路 |
| 2 | G45 大广高速（京承高速）收费站 | 6.5 | 2 | 高速公路 |
| 3 | 穆家峪出口 | 64 | 3 | 高速公路出口 |
| 4 | 出口至新农村桥右转，G101 国道、密云城东方向 | 0.2 | 4 | 郊区道路 |
| 5 | 沿路直行至东坝头桥路口，右转进入京密路 G101 国道（该路段无路牌） | 0.5 | 5 | 郊区道路 |
| 6 | 沿京密路 G101 国道行驶，路左侧即为终点，需在前方路口进行调头行驶（往 G101 进京方向行驶） | 2.2 | 6 | 国道道路 |
| 7 | 调头后行驶，即可到达终点 | 0.3 | 7 | 国道道路 |

### ▌DATA

地址：北京市密云县穆家峪镇后栗园村东　　　　邮编：101500　　　　联系电话：010-89010076
联系手机：15811510340　　　　传真：010-89010076　　　E-MAIL：hehaijun@bainianliyuan.com
网址：www.bainianliyuan.com

密云县　**不老生态园**　北京市级 ★★★

北京林鑫生苑种植专业合作社位于美丽纯净的密云水库北岸，是在政府的大力支持下以及农民自筹资金建立起来的。合作社规模完善，大棚内部设施齐全，每个大棚都配备了卷帘机，专业的喷水设备等，还安装了温度计和湿度计，以便控制作物在任何生长阶段的环境。

## 推荐理由

采摘园位于有着"京郊长寿镇"、"贡梨之乡"美誉的不老屯镇，不老屯环境优美，镇域北部是绵延的燕山山脉，南部紧邻浩渺的密云水库，背倚云峰山。不老湖、转山子、燕落等6座中小型水库，与密云水库遥相呼应，形成大、中、小三级水域明珠。游客尽可享受到采摘、垂钓、登山、观光等乐趣。

## 采摘品种

香菇和彩椒。

## 顺路玩

**1. 云峰山风景区**

详细请见前文 P22。

**2. 密云水库**

详细请见前文 P22。

美食推荐：铁锅酱炖鱼。

## Day ①

8:00 望和桥出发
10:00 可到达不老生态园
10:00~12:00 在园区内游玩、拍照、采摘
12:00~14:00 在园区内午餐
14:00 返程，可前往云峰山或密云水库游玩，或顺路可到黄土坎贡梨采摘园采摘贡梨

**1** Day Route
日 游
建|议|行|程

## 望和桥→不老生态园　详细路书

总里程：136.4 公里

| 编号 | 起点 | 公里数 | 照片编号 | 道路状况 |
|---|---|---|---|---|
| 1 | 北四环望和桥 | 0 | 1 | 高速公路 |
| 2 | G45 大广高速（京承高速）收费站 | 6.5 | 2 | 高速公路 |
| 3 | 太师屯出口 | 107.5 | 3 | 高速公路出口 |
| 4 | 出口左转进入京密路 G101 国道 | 0.2 | 4 | 国道道路 |
| 5 | 沿京密路行驶至松树峪路口，朝琉辛路／高岭方向，稍向右转进入密古路 | 0.3 | 5 | 郊区道路 |
| 6 | 沿密古路行驶至辛庄西口，朝高岭、琉璃庙方向，左转进入琉辛路 | 4.0 | 6 | 郊区道路 |
| 7 | 沿琉辛路行驶至石匣，向右前方进入不老屯方向，继续进入琉辛路 | 8.5 | 7 | 郊区道路 |
| 8 | 沿琉辛路行驶，见陈各庄、学各庄指示牌以及不老生态采摘园的广告牌，左转进村 | 8.6 | 8 | 村级道路 |
| 9 | 进村沿路行驶，即可到达终点 | 0.8 | 9 | 村级道路 |

### ▌DATA

名称：不老生态园
地址：北京市密云县不老屯镇学各庄村西街 22 号
邮编：101516
联系手机：13811028009
传真：010-81091198
银联卡：可用
停车场地：有

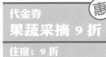

代金券 惠
果蔬采摘 9 折
住宿：9 折
娱乐：9 折
* 截止 2015 年 12 月 31 日

微信扫一扫
获取电子优惠券

终
极
路
书

# 密云县

## 盛阳香草艺术庄园
## （紫海香堤香草艺术庄园）

北京市级 ★★★

北京紫海香堤旅游文化发展有限公司，简称紫海香堤香草艺术庄园，位于密云县古北口镇汤河村，距北京约130公里，与中国长城之最——司马台长城比邻。总计占地面积350亩，2007年8月正式建设，是以"普罗旺斯"式浪漫田园为范本，打造的新型情景旅游度假地，"无垠的香草田"、"安静的汤河水"和"茂密的金山林"构成了一幅绝美的风景画。

## 推荐理由

庄园位于密云古北口古长城历史文化保护区内，在通往司马台长城的必经之路上，为沧桑的古镇和古老的长城文化增添了一丝新奇和浪漫的色彩。和被称为世界七大爱情圣地之一的法国普罗旺斯香草庄园一样，在这里是演绎西式浪漫爱情的时尚圣地：提供浪漫婚礼、香草沙龙、西餐吧、亲水捕鱼、香草温泉SPA、水岸休闲等服务

## 采摘品种

可采摘香草、野菜、板栗、甜杏、红果、油桃和山杏等。

## 顺路玩

**1. 古北水镇**
详细请见前文P20。

**2. 司马台长城**
详细请见前文P20。

**住在庄园**：小木屋、880元/间（含两张门票）。
**客房设备**：液晶电视、独立浴室。
**旅店设施**：商务中心、会议室。

吃在庄园：香草特色餐厅。
美食推荐：香草类饮食。

## Day ①

8:00 望和桥出发
10:00 可到达古北水镇或司马台长城
10:00~15:00 在景区内游玩、拍照，午餐在景区
或周边农家院
15:00~16:00 驱车前往盛阳香草艺术庄园（紫海
香堤香草艺术庄园）
16:00~18:00 办理入住，休息
18:00~20:00 在景区内晚餐
20:00~22:00 自由活动

## Day ②

8:00~9:00 早餐
9:00~11:00 在景区内观景、赏花、拍照、采摘，做 DIY 制品
11:00~13:00 园区内午餐、退房
13:00 返程

**2** Day Route
日游
建议行程

## 望和桥→盛阳香草艺术庄园（紫海香堤香草艺术庄园） 详细路书

总里程：134.4 公里

| 编号 | 起点 | 公里数 | 照片编号 | 道路状况 |
|------|------|--------|----------|----------|
| 1 | 北四环望和桥 | 0 | 1 | 高速公路 |
| 2 | G45 大广高速（京承高速）收费站 | 6.5 | 2 | 高速公路 |
| 3 | 司马台出口 | 120 | 3 | 高速公路出口 |
| 4 | 出口右转松曹路方向 | 0.2 | 4 | 郊区道路 |
| 5 | 路口再向左转进入松曹路，向古北水镇方向 | 0.2 | 5 | 郊区道路 |
| 6 | 沿路直行至岔路口，左转进入马北路 | 1.0 | 6 | 郊区道路 |
| 7 | 沿马北路行驶，即可到达终点 | 6.5 | 7 | 郊区道路 |

## ■ DATA

名称：盛阳香草艺术庄园（紫海香堤香草艺术庄园）
地址：北京市密云县古北口镇汤河村
邮编：101508
联系电话：010-81053002，010-51666870
网址：www.lovexiangcao.com
停车场地：有 300 个停车位

司马台长城
古北水镇
G111
终
盛阳香草艺术庄园（紫海香堤香草艺术庄园）
③ ⑤ ⑥
④
大广高速
北六环
顺义区
② ②
起
望和桥

终极路书

## 密云县

# 北京秀水生态农业观光园（楚乡人家） 北京市级 ★★★

北京秀水生态农业观光园（楚乡人家）坐落于北京市密云水库西岸，离水库白河主坝仅2公里，是一家集餐饮、住宿、垂钓、采摘、真人CS、地面拓展、登山于一体的综合性湖北风味农庄。这里春天鲜花漫山遍野、香气宜弥散，夏季风景宜人、避暑胜地，秋季红叶似火、硕果累累，冬季白雪皑皑、别有风情。山庄内也能感受到来自湖北鱼米之乡的"楚乡风情"。不仅能让您体验具有浓郁军事特色的真人CS户外运动，更能让您感受到浓厚的农耕文化氛围，真正的实现土地认种、果树认养。

## 👍 推荐理由

观光园背靠"中国印"，是密云云蒙风情大道的节点。云蒙山国家森林公园、黑龙潭、京东第一瀑等旅游景点均从园区门口经过。园区地势起伏，园区内有水、有山、有平地，园区的后山是密云的最佳红叶观赏区。爬后山，更能观水库全景。

## 采摘品种

桃、杏、李子、灵枣、苹果、葡萄、柿子、玉米、甘薯、核桃、板栗、山楂。
特别推荐1：苹果。
特别推荐2：橄榄枣。

## 采摘周期

6月10日～11月10日

吃在庄园：楚乡人家50～80元/人。

美食推荐1：活鱼水饺。
美食推荐2：风干鸡。

## 顺路玩

### 1. 黑龙潭

位于密云县石城镇鹿皮关北面一条全长4公里，水位落差220米高的峡谷里。

门票：45元/人。

开放时间：8：00～17：00。联系电话：010-61025028。

推荐理由：春花、秋月、平沙、落雁、曲、叠、沉、悬潭等18个名潭散落在幽深的峡谷里，千姿百态。

### 2. 京都第一瀑

位于密云县石城乡北石城村，黑龙潭北3公里。

门票：40元/人。

开放时间：8：00～18：00。联系电话：010-69016268。

推荐理由：京郊水流量最大的瀑布。

住在庄园：标间198元，套间298元，麻将室258元。

客房设备：有电视、独立卫浴和空调。
旅店设施：有室外游泳池和会议室。

## Day ① Route

8:00 望和桥出发
10:00 可到达北京秀水生态农业观光园（楚乡人家），办理入住
11:30~13:30 在园区内午餐
13:30~17:00 在园区内游览、垂钓、拍照
17:00~19:00 在园区内晚餐
19:00~22:00 自由活动

## Day ②

8:00~9:00 早餐
9:00~10:00 采摘、退房
10:00 可返程，或前往黑龙潭或京都第一瀑游玩

**2 Day Route**
**日 游**
**建|议|行|程**

## 望和桥→北京秀水生态农业观光园（楚乡人家） 详细路书

总里程：80.9 公里

| 编号 | 起点 | 公里数 | 照片编号 | 道路状况 |
|---|---|---|---|---|
| 1 | 北四环望和桥 | 0 | 1 | 高速公路 |
| 2 | G45 大广高速（京承高速）收费站 | 6.5 | 2 | 高速公路 |
| 3 | 密云出口 | 55 | 3 | 高速公路出口 |
| 4 | 出口至密云方向，盘桥出高速 | 0.1 | 4 | 高速延伸 |
| 5 | 出口后，进入宁村南桥一直北行，经顺密路、滨河路、密关路 | | | 郊区道路 |
| 6 | 沿密关路行驶至溪翁庄村口，左转继续驶入密关路 | 16 | 5 | 郊区道路 |
| 7 | 继续沿密关路行驶至尖岩村口，见路左前侧楚乡人家牌子，向左前方下道行驶 | 3.0 | 6 | 郊区道路 |
| 8 | 下道后，沿路行驶，即可到达终点 | 0.3 | 7 | 村级道路 |

京都第一瀑
黑龙潭
北京秀水生态农业观光园（楚乡人家）
终
7
6
5
G111
3
4
京承高速
北六环
顺义区
北五环
2
起
望和桥

### DATA

名称：北京秀水生态农业观光园（楚乡人家）
地址：北京市密云县溪翁庄镇尖岩村
邮编：101512
联系电话：010-69015656
联系手机：13801186258
传真：010-69015656
网址：www.chuxiangrenjia.com
银联卡：可用
信用卡：可用
停车场地：有 4 个停车场

# 密云县 ▶ 来缘山庄

北京市级 ★★★

来缘山庄是来缘阁旅游开发有限公司的第一期工程，占地面积 60 亩，北邻京承高速，距北京北五环 40 分钟车程，距密云城区 10 分钟车程；南临新扩建的密兴路，距密云县鼓楼闹市区 20 分钟车程，距河北兴隆界 15 分钟车程，交通便利。

## 👍 推荐理由

来缘山庄地处燕山山脉怀抱之中，南山松柏常绿，北靠红门川河流，东眺原始次生林锥峰山景区。山庄依山傍水，周围绿树成荫，没有任何工业厂矿在周围，完全置身于自然环抱中，空气纯鲜，亲近山水，享受自然。山庄提供餐饮、住宿、休闲、娱乐等服务，可接待 50 人团队组织会议、住宿等活动、提供卡拉 OK、棋牌、小型运动场地、红门川古河道花溪养生步道、登山、垂钓等服务项目。

## 采摘品种

山杏、核桃、栗子、甜枣和红肖梨。

## 采摘周期

山杏 6 月；核桃 8 ~ 9 月；栗子 9 ~ 10 月；甜枣 10 月；红肖梨 10 月。

## 顺路玩

**1. 北京冶仙塔旅游景区**
　　详细请见前文 P22。

**2. 首云国家矿山公园**
　　详细请见前文 P22。

▌ 吃在庄园：粘干饭、炸元宵。

## Day ① 建议行程

8:00 望和桥出发
9:30 可到达北京冶仙塔旅游景区或首云国家矿山公园
10:00~15:00 在景区内游玩、拍照，午餐在景区或周边农家院

15:00~16:00 驱车前往来缘山庄
16:00~18:00 办理入住，休息
18:00~20:00 在山庄内晚餐
20:00~22:00 自由活动

## Day ②

8:00~9:00 早餐
9:00~11:00 在山庄内垂钓、拍照、采摘
11:00~13:00 山庄内午餐、退房
13:00 返程

### 2 Day Route 日游 建议行程

## 望和桥→来缘山庄　详细路书

总里程：89.1 公里

| 编号 | 起点 | 公里数 | 照片编号 | 道路状况 |
|---|---|---|---|---|
| 1 | 北四环望和桥 | 0 | 1 | 高速公路 |
| 2 | G45 大广高速（京承高速）收费站 | 6.5 | 2 | 高速公路 |
| 3 | 大城子出口 | 80 | 3 | 高速公路出口 |
| 4 | 出口右转，王达路方向 | 0.2 | 4 | 郊区道路 |
| 5 | 再左转，大城子、王各庄方向 | 0.2 | 5 | 郊区道路 |
| 6 | 沿王达路行驶，见岔路向右行驶，不下道 | 0.9 | 6 | 郊区道路 |
| 7 | 过桥，见来缘山庄指示牌，右转下道行驶 | 0.2 | 7 | 郊区道路 |
| 8 | 沿路直行至岔路口，见水中财兴大门，靠左直行 | 0.8 | 8 | 郊区道路 |
| 9 | 沿路行驶，即可到达终点 | 0.3 | 9 | 村级道路 |

## DATA

名称：北京来缘阁旅游开发有限公司
简称：来缘山庄
星等级：市级 3 星
地址：北京市密云县大城子镇河下村
邮编：101502
联系电话：010-61072888、010-61072218
联系手机：13810863564，13911371130
传真：010-61072588
E-MAIL：Xt163@163.com
停车场地：有且充足

终极路书

北京冶仙塔旅游景区

来缘山庄

首云国家矿山公园

北六环

京承高速收费站

北五环

望和桥

# 密云县 北京青树林民俗饭庄

北京市级 ★★★

青树森民俗饭庄位于密云水库东岸，圣母山上，比邻白龙潭皇家森林公园，总面积300亩，可提供苹果、李子、板栗、枣、柿子、核桃、樱桃等采摘品种。主营餐饮、住宿。特色菜有水库活鱼、驴肉、狗肉、小河虾、山野菜、贴饼子、鱼肉馅儿饼等。

## 推荐理由

饭庄以圣母山自然风光为依托，几乎全部被绿色环绕。春季花香四溢，炎炎夏日清凉的河水荡漾，秋天硕果累累。来果园里亲自体验采摘的乐趣，品尝劳作的果实。观水库全景，去白龙潭游玩，定能让你一饱眼福，流连忘返。

## 采摘品种

可采摘野菜、山蘑、核桃、板栗、甜杏、酸枣、山楂、李子、小枣、樱桃、山梨和山杏等山珍野果。

## 顺路玩

**1. 古北水镇**

详细请见前文 P20。

**2. 白龙潭皇家森林公园**

位于密云县太师屯镇龙潭沟。

门票：30元/人。

开放时间：8：00～17：00。联系电话：010-69038558。

推荐理由："白龙昼饮潭，修尾挂后壁"，是北京往来承德避暑山庄御道的必经之地。

---

**吃在庄园**：青树林民俗饭庄（人均50元）

美食推荐1：水库鱼、驴肉、狗肉

美食推荐2：贴饼子

## Day ①

8:00 望和桥出发
10:30 可到达北京青树林民俗饭庄
10:30~12:00 在饭庄附近的上市游玩、拍照
12:00~14:00 在饭庄内品尝特色美食
14:00~16:00 采摘应季果蔬和山珍
16:00 可返程，或前往古北水镇或白龙潭皇家森林公园游玩

**1** Day Route
日 游
建|议|行|程

## 望和桥→北京青树林民俗饭庄　详细路书

总里程：95.2 公里

| 编号 | 起点 | 公里数 | 照片编号 | 道路状况 |
|---|---|---|---|---|
| 1 | 北四环望和桥 | 0 | 1 | 高速公路 |
| 2 | G45 大广高速（京承高速）收费站 | 6.5 | 2 | 高速公路 |
| 3 | 穆家峪出口 | 64 | 3 | 高速公路出口 |
| 4 | 出口至新农村桥右转，G101 国道、密云城东方向 | 0.2 | 4 | 郊区道路 |
| 5 | 沿路直行至东坝头桥路口，右转进入京密路 G101 国道（该路段无路牌） | 0.5 | 5 | 郊区道路 |
| 6 | 沿京密路 G101 国道行驶，见青树林民俗山庄广告牌，右转上山 | 23 | 6 | 国道道路 |
| 7 | 沿指示牌上山行驶，在路尽头即到达终点 | 1.0 | 7 | 山区道路 |

### DATA

名称：北京青树林民俗饭庄
地址：北京市密云县太师屯镇上安村（白龙潭往北）
邮编：101503
联系电话：010-60938056
联系手机：13716129720
E-MAIL：604532780@qq.com
银联卡：可用
停车场地：有

古北水镇

京密路

终
北京青树林民俗饭庄

白龙潭皇家森林公园

巨各庄 G101
兴隆 （密云城北）
南 密云城东
新农村桥

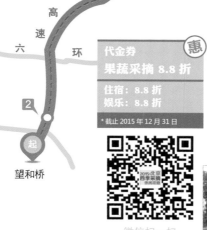

密三路
MISAN Highway
G101 密云城东（巨各庄 兴隆）
17 出口
EXIT

望京桥
WANGJING Bridge
京承高速 太阳宫桥
JINGCHENG Espwy TAIYANGGONG Bridge
（北五环）顺义 （三环路）
望和桥 文学馆路
WENXUEGUAN

六 环

京 承 高 速

起
望和桥

终
极
略
书

# 密云县 黄土坎村贡梨采摘园

黄土坎贡梨观光采摘园区位于密云县不老屯镇，以黄土坎地区为中心，园区面积达 1.2 万亩，种植鸭梨 60 万株，年产量达 500 万千克，位居京郊之首。

## 推荐理由

黄土坎鸭梨开始栽种于明代，具有 600 多年历史，至清代由乾隆皇帝钦定"梨中之王"而选为贡品。黄土坎鸭梨经国家食品质量监督检验中心检验，锌、硒、钾微量元素和折光糖含量远远高于梨的平均含量，具有高抗氧作用，品质独特。鸭梨果体硕大，果皮金黄，肉厚酥脆，甘美香醇，窖藏后其香气更加浓郁，芬芳之气飘散数里。园内有一条长 500 米的观光路，长 3000 米，以鹅卵石为主的林间步道，10 个观光亭，还有一条长达 5000 米的春花带，游客尽可于绿色乡村间享受绿色生活。

## 采摘品种

黄土坎鸭梨、板栗、核桃等。
特别推荐：黄土坎鸭梨。

## 顺路玩

**1. 云峰山风景区**

详细请见前文 P30。

**2. 史庄子民俗村**

请参见"密云县——史庄子民俗村"。（P50）

## 顺路游
### 建|议|行|程

**Day**

可以游玩梦田薰衣草庄园、史庄子村、古北水镇等，在返程回京时可顺路到达黄土坎贡梨采摘园，采摘贡梨

# 望和桥→黄土坎村贡梨采摘园　详细路书

总里程：139 公里

| 编号 | 起点 | 公里数 | 照片编号 | 道路状况 |
|---|---|---|---|---|
| 1 | 北四环望和桥 | 0 | 1 | 高速公路 |
| 2 | G45 大广高速（京承高速）收费站 | 6.5 | 2 | 高速公路 |
| 3 | 太师屯出口 | 107.5 | 3 | 高速公路出口 |
| 4 | 出口左转进入京密路 G101 国道 | 0.2 | 4 | 国道道路 |
| 5 | 沿京密路行驶至松树峪路口，朝琉辛路／高岭方向，稍向右转进入密古路 | 0.3 | 5 | 郊区道路 |
| 6 | 沿密古路行驶至辛庄西口，朝高岭、琉璃庙方向，左转进入琉辛路 | 4.0 | 6 | 郊区道路 |
| 7 | 沿琉辛路行驶至石匣，向右前方进入不老屯方向，继续进入琉辛路 | 8.5 | 7 | 郊区道路 |
| 8 | 沿琉辛路行驶至黄土坎村，道路两侧即为贡梨采摘种植园区 | 12 | 8 | 郊区道路 |

**■ DATA**

地址：密云县不老屯镇黄土坎村
邮编：101516
停车场地：有 6000 平方米停车场

# 密云县 ▸ 史庄子村

史庄子村有"密云库北第一村"的美誉，位于北京市密云县不老屯镇北部的三棱山脚下、不老湖畔，全村148户住在欧式风格、建造面积133平方米，拥有四室、两厅、两卫、一厨的别墅里。这里可一次性可接待300人，提供餐饮、住宿。

## 推荐理由

史庄子村2014年被评为北京市最美乡村，依山傍水的地理优势，使整个村庄更富有灵气。不老湖湖底均由麦饭石铺成，麦饭石含有人体所需的矿物质，具有很高的医疗保健作用，对胃病、皮肤病有显著疗效，长期饮用可祛病健身，益寿延年。史庄子村推出的地域特色美食不老养生宴，采用石磨豆腐、柴鸡蛋、野山菌、山野菜、水库鱼等当地绿色、天然食材制作而成，既营养，又健康。

## 顺路玩

### 1. 云峰山风景区

详细请见前文 P30。

### 2. 不老湖

位于密云县不老屯镇，距市区130公里。免费观光，垂钓按竿收费。

推荐理由：远离闹市，环境幽雅，山围绕着水，水倒映着山，水天一色，景色宜人，没有丝毫人工雕刻的痕迹。

## DATA

名称：史庄子村
地址：北京市密云县不老屯镇史庄子村
邮编：101516
联系电话：13264419076

## Day ① 建议行程 2 日游

8:00 望和桥出发
10:30 可到达史庄子民俗村，办理入住（三餐和住宿均在这里）
11:30~13:30 在村里午餐，品尝不老宴午餐
13:30~17:00 驱车前往云峰山景区登山游览、拍照

17:00~17:30 驱车返回史庄子村
18:00~20:00 在村里晚餐，品尝不老宴晚餐
20:00~22:00 自由活动
费用：三餐＋住宿，人均 150 元

## Day ②

8:00~9:00 早餐、退房
9:00~11:00 驱车前往不老湖垂钓、或上山采野生蘑菇（找懂的人导游，以免采到有毒蘑菇）
11:00 可返程，或前往密云水库游玩，途经黄土坎贡梨采摘园可以顺路采摘贡梨

## 望和桥→史庄子村　详细路书

总里程：149.8 公里

| 编号 | 起点 | 公里数 | 照片编号 | 道路状况 |
|---|---|---|---|---|
| 1 | 北四环望和桥 | 0 | 1 | 高速公路 |
| 2 | G45 大广高速（京承高速）收费站 | 6.5 | 2 | 高速公路 |
| 3 | 太师屯出口 | 107.5 | 3 | 高速公路出口 |
| 4 | 出口左转进入京密路 G101 国道 | 0.2 | 4 | 国道道路 |
| 5 | 沿京密路行驶至松树峪路口，朝琉辛路／高岭方向，稍向右转进入密古路 | 0.3 | 5 | 郊区道路 |
| 6 | 沿密古路行驶至辛庄西口，朝高岭、琉璃庙方向，左转进入琉辛路 | 4.0 | 6 | 郊区道路 |
| 7 | 沿琉辛路行驶至石匣，向右前方进入不老屯方向，继续进入琉辛路 | 8.5 | 7 | 郊区道路 |
| 8 | 沿琉辛路行驶至不老村南口（见云峰加油站），右转半城子方向进入后半路 | 8.8 | 8 | 郊区道路 |
| 9 | 沿后半路行驶，接入黄下路到丁字路口，左转史庄子方向 | 11.7 | 9 | 郊区道路 |
| 10 | 进村沿路行驶，即可到达终点 | 2.3 | 10 | 村级道路 |

**代金券**
住宿：9 折
娱乐：9 折
＊截止 2015 年 12 月 31 日

微信扫一扫
获取电子优惠券

3A级云峰山风景区　不老湖

史庄子村

终极路书

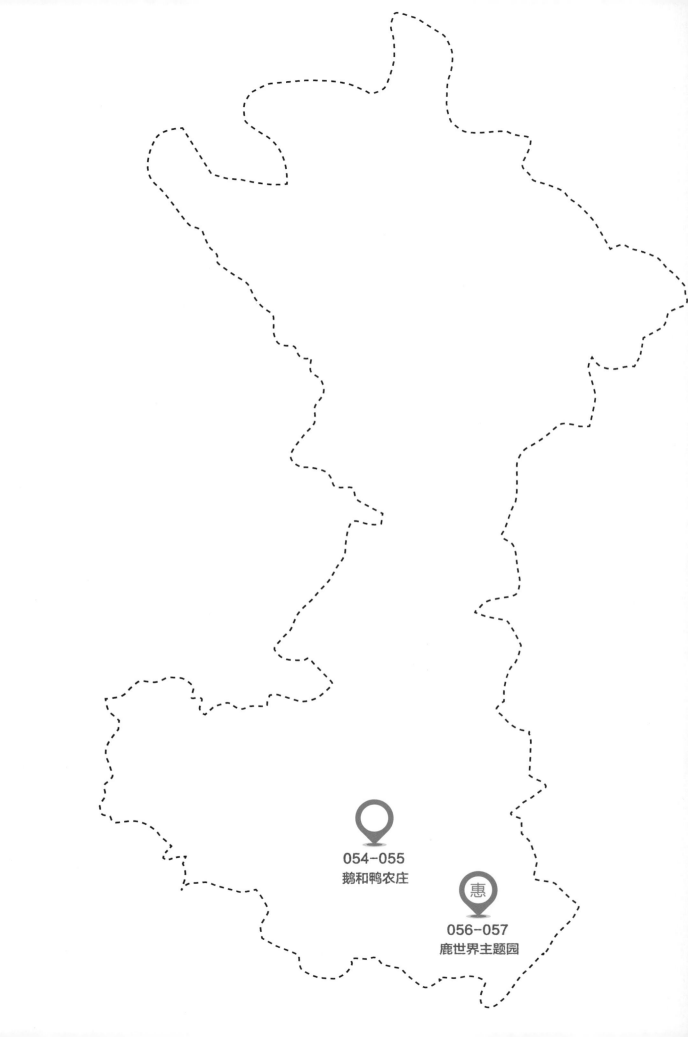

054-055
鹅和鸭农庄

惠
056-057
鹿世界主题园

# HUAIROU DISTRICT

怀柔区

## 怀柔区 | 鹅和鸭农庄

北京市级 ★★★★★

北京鹅和鸭农庄位于北京市怀柔区桥梓镇北宅村，占地面积近3000亩，自然气息浓厚，森林茂盛，山水相伴。农庄以自然风光为依托，几乎全部被绿色植被覆盖，有户外泳池游泳、果园采摘、骑马、射箭、彩弹射击、卡丁车、迷你高尔夫、保龄球、壁球和网球等多种项目，也有孩子们喜欢的淘气宝乐园、蹦床、攀岩、滑梯等。农庄西式自助餐烧烤，特色的烤全羊、烤全猪和虹鳟鱼，定能让您一饱口福。

### 推荐理由

纯粹的自然休闲地，极富山林野趣，满眼都是清新的绿。住宿的屋子是用木头为原料制成的，从地板到墙壁都是木头的，就连浴缸也是用木头做的。同时，还提供实在的农家饭。

### 采摘品种

苹果、梨、桃、葡萄、杏、李子、核桃和山枣，以及蘑菇、木耳、芹菜、豆角、黄瓜、小白菜、圆白菜、紫甘蓝、西红柿、生菜、菠菜和茄子等。

### 采摘周期

果园采摘8～10月，蔬菜大棚全年均可采摘。
特别推荐1：果园采摘。
特别推荐2：大棚采摘。

### 顺路玩

**1. 圣泉山**

位于怀柔区桥梓镇。核心景观为圣泉山观音寺，寺庙周围有众多人文景观和自然景观。
门票：35元/人。
开放时间：全天开放。联系电话：400-799-7955。
推荐理由：怀柔区的一处佛教文化场所。

**2. 慕田峪长城**

位于怀柔区境内，西接黄花城长城，东连古北口，是北京新十六景之一。
门票：45元/人。
开放时间：07：30～17：30。联系电话：010-61626022，010-61626505。
推荐理由：正关台三座敌楼、箭扣、牛角边、鹰飞倒仰等是慕田峪长城的精华所在。

**吃在庄园**：春季邮轮，人均80元；国际乡村艺术馆，人均约80元。
美食推荐1：农家炖土鸡。采用农庄散养的土鸡，鸡肉可口美味，香而不腻。
美食推荐2：红烧虹鳟鱼、清蒸虹鳟鱼、清炖虹鳟鱼、侉炖虹鳟鱼（挂糊过油后中火快炖）、虹鳟鱼刺身和烤虹鳟鱼。

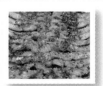 

### DATA

名称：北京鹅和鸭农庄有限责任公司
简称：鹅和鸭农庄　　星等级：市级5星
地址：北京市怀柔区桥梓镇北站村南
邮编：101415　　联系电话：010-60671024
传真：010-60673135　　E-MAIL：Amyzhang66@126.com
网址：www.gdclub.net.cn　银联卡：可用
信用卡：VISA、MASTER、ICB、AE
停车场地：300个车位

## Day ① 

7:00 在望和桥出发
9:00~13:30 圣泉山或慕田峪长城游玩，午餐在景区内
13:30~14:30 抵达鹅和鸭农庄
14:30~20:00 可先办理入住，然后在农庄内体验

骑马和卡丁车的乐趣，嬉水和游乐的放松，傍晚可在农庄内品味美食，晚餐后可在农庄里悠闲漫步，享受舒适的夜晚。

## Day ②

8:00~9:00 早餐
9:00~11:00 在农庄内娱乐
11:30~13:30 午餐、退房
13:30~14:30 采摘新鲜的瓜果蔬菜
14:30 返程

**Day Route**
**2** 日 游
**建|议|行|程**

# 望和桥→鹅和鸭农庄　详细路书

总里程：44.9 公里

| 编号 | 起点 | 公里数 | 照片编号 | 道路状况 |
|---|---|---|---|---|
| 1 | 北四环望和桥 | 0 | 1 | 高速公路 |
| 2 | G45 大广高速（京承高速）收费站 | 6.5 | 2 | 高速公路 |
| 3 | 宽沟出口 | 29 | 3 | 高速公路出口 |
| 4 | 出口直行进入北台路 | | | 郊区道路 |
| 5 | 沿北台路直行至幸福桥东口，向桥梓方向左转 | 2.9 | 4 | 郊区道路 |
| 6 | 左转后至幸福桥，右转怀柔城区方向，进入怀昌路 | 0.1 | 5 | 郊区道路 |
| 7 | 沿怀昌路直行至桥梓东口，左转九渡河、长陵方向，进入怀长路 | 0.2 | 6 | 郊区道路 |
| 8 | 沿怀长路直行至桥梓路口，右转进入台关路 | 1.0 | 7 | 郊区道路 |
| 9 | 沿台关路行驶至秦家东庄南口，左转慕田峪方向 | 2.7 | 8 | 郊区道路 |
| 10 | 沿路行驶至北宅桥，路左侧即到达终点 | 2.5 | 9 | 郊区道路 |

慕田峪长城

圣泉山

鹅和鸭农庄

宽沟出口

北六环

北五环

京承高速

大广高速

京平高速

大广高速收费站

望和桥

起

终

# 怀柔区 鹿世界主题园

北京市级 ★★★★

北京鹿世界主题园以"注重自然、突出鹿文化、引导参与、科普教育、养鹿富民"为设计理念，以"赏鹿茸，鉴世界之最；戏百鹿，寻童年之趣；观鹿苑，探文化之鹿"为主题。园区占地300亩，饲养着活泼可爱的梅花鹿、傻大憨粗的马鹿、忠厚老实的驯鹿、调皮灵动的白鹿等共1200余只。鹿世界主题园的一些特色项目有：与驯化梅花鹿零距离饲喂体验；小鹿亲水表演，鹿标本及鹿角标本展示；DIY鹿彩绘；鹿文化展示。

## 推荐理由

鹿世界主题公园是京北第一家以鹿为主题的文化园，游客在这里可以观赏人工养殖的梅花鹿、马鹿、祥瑞白鹿，可以坐鹿车，骑一骑梅花鹿找找与张果老倒骑驴有啥不同，亲自喂鹿，看看小鹿跳水表演、游泳嬉戏，也可以与自己的孩子做下亲子彩绘。不过，别忘了和我们的鹿明星照张相啊，它拍了十多部电影呢，而且出场费也不低，一天2000多元呢！可以与可爱的小鹿们合影、嬉戏，探寻童年的快乐，可以观鹿茸、寻鹿宝、品美味，体验鹿产品的养生保健功效，感悟生态养生之道。

## 顺路玩

### 1. 北京老爷车博物馆

位于怀柔区杨宋镇凤翔一园19号。它是一家私人独资汽车博物馆。

门票：人均50元/人。

开放时间：4~10月08：30~17：30；11月~次年3月9：00~16：30。联系电话：010-61677039。

推荐理由：迄今为止全球唯一一家以中国国产品牌汽车为主要藏品的博物馆。

### 2. 雁栖湖风景区

位于怀柔区X011县道怀北镇雁青路21号（近怀柔红螺寺）。

门票：34元/人。

开放时间：8：00~18：30。联系电话：010-69661696。

推荐理由：湖面宽阔，湖水清澈，风光迤逦的水上乐园。

---

住在庄园：小木屋460元/栋。

客房设备：液晶电视、独立浴室、免费Wi-Fi。

旅店设施：户外网球场及足球场，会议室、篝火广场等。

---

吃在庄园：北京鹿世界主题园餐厅，人均30~100元。

美食推荐1：可汗鹿排。肉质鲜嫩，味道鲜美，具有低脂肪、高蛋白、易消化等特点，它富含人体必需的16种氨基酸、铁、锌和丰富的维生素，胆固醇仅为牛肉的1/16。老少皆宜。

美食推荐2：家常炖鹿棒骨。鹿肉为食用肉类之极品，肉质细嫩、味道美、瘦肉多、结缔组织少，营养价值比牛、羊、猪肉都高得多，鹿肉性温和，有补脾益气，温肾壮阳、养血美容的神奇功效。

## Day ① Day Route 日游 建|议|行|程

8:00 望和桥出发
9:00 到达北京鹿世界主题园
9:00~11:30 游玩鹿世界主题园，在这里可以看到各个品种的鹿，可以与
可爱的小鹿们嬉戏，探寻童年的快乐。
11:30~13:30 午餐可以品尝到各种鹿的美味
13:30 返程。或继续与小鹿们嬉戏，也可以出发去雁栖湖风景区游览一下
APEC 的风采或是前往周边北京老爷车博物馆去寻访一些记忆里的车。

## 望和桥→鹿世界主题园　详细路书

总里程：51.2 公里

| 编号 | 起点 | 公里数 | 照片编号 | 道路状况 |
|---|---|---|---|---|
| 1 | 北四环望和桥 | 0 | 1 | 高速公路 |
| 2 | G45 大广高速（京承高速）收费站 | 6.5 | 2 | 高速公路 |
| 3 | 中影杨宋（杨燕路）出口 | 39 | 3 | 高速公路出口 |
| 4 | 出口进入杨燕路 | — | — | 郊区道路 |
| 5 | 沿杨燕路直行至北晨西口，右转进入北晨路 | 2.5 | 4 | 郊区道路 |
| 6 | 沿北晨路直行到头，右转 | 3.0 | 5 | 郊区道路 |
| 7 | 沿路直行，即可到达终点 | 0.2 | 6 | 村级道路 |

### DATA

名称：鹿世界主题园
地址：北京市怀柔区杨宋镇安乐庄村 312 号
邮编：101400
联系电话：010-61675598，010-60684757
联系手机：18612141331
传真：010-61675598
E-MAIL：Shangye1.18@163.com
网址：www.lshdeer.com
银联卡：可用
停车场地：有 2 个停车场

代金券
门票 8 折
* 截止 2015 年 12 月 31 日

微信扫一扫
获取电子优惠券

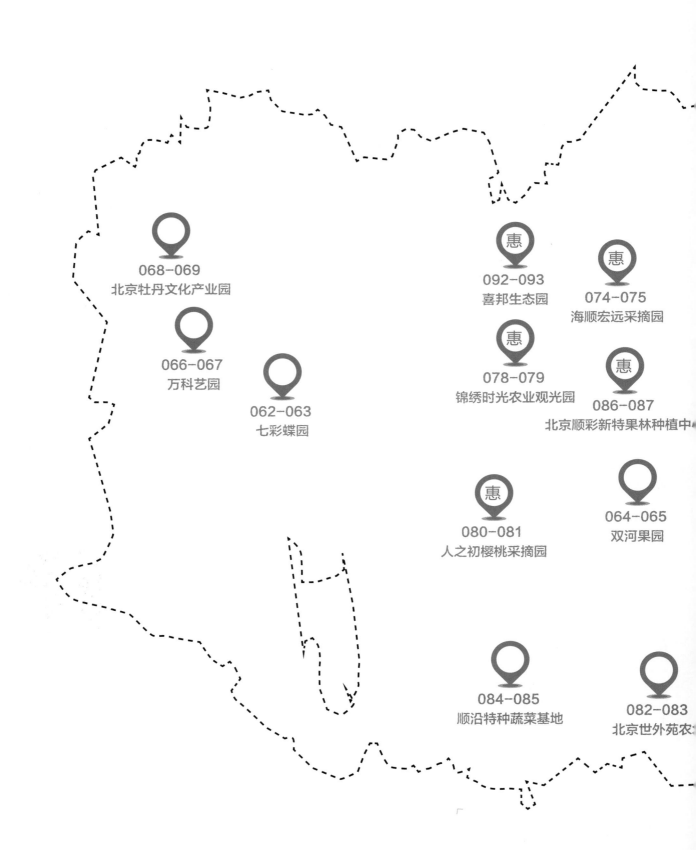

068-069
北京牡丹文化产业园

092-093
喜邦生态园

074-075
海顺宏远采摘园

066-067
万科艺园

062-063
七彩蝶园

078-079
锦绣时光农业观光园

086-087
北京顺彩新特果林种植中

080-081
人之初樱桃采摘园

064-065
双河果园

084-085
顺沿特种蔬菜基地

082-083
北京世外苑农

070-071
水云天采摘园

072-073
樱桃幽谷

060-061
安利隆山庄

076-077
东周丰源生态农庄

094-095
金旺农业生态园

088-089
北京绿奥蔬菜合作社

090-091
天顺蔬菜基地

# 顺义区 安利隆山庄

　　北京安利隆生态农业有限责任公司简称安利隆山庄，是集餐饮、住宿、会议、娱乐、生态旅游观光、有机果品采摘、运动疗养为一体的综合型三星度假酒店，为北京市政府采购会议定点单位、国家级生态农业标准化示范园、北京市休闲农业五星园区，是五彩浅山国家级登山健身步道的重要驿站之一，是游客选择休闲度假、观光采摘、登山露营等首选之地。

　　山庄拥有酒店客房105间，大、中、小型会议室六个，可同时接待约300人住宿、会议、就餐；设有游泳、桑拿浴、保龄球、沙狐球、台球、羽毛球、乒乓球、卡拉OK、棋牌、室外网球、篮球、飞镖等娱乐项目。户外更有垂钓园、采摘园、高标准拓展基地。

## 推荐理由

　　这里拥有纯正的田园风光，有山、有水、有清新的空气，有乡村气息浓郁的农家。采摘之余，还能游泳、打球，真是城市之中的世外桃源。山庄离焦庄户很近，可以顺便去焦庄户钻地道，实地体验地道战。

## 采摘品种

　　野菜、樱桃、桃、李子、杏、梨、山蘑、酸枣、核桃、草莓和各种蔬菜。
特别推荐：大樱桃。

## 采摘周期

　　樱桃5～6月；早酥梨7月中下旬；华酥梨7月中旬；油桃7～8月；杏、李子7～9月；青皮核桃8～9月；新高梨、黄金梨9月中旬；柿子10～11月；玉米、花生9月下旬；蔬菜全年。

**住在庄园**：套房980元/天，标间480元/天。

**客房设备**：电视、独立浴池、卫生间和免费宽带上网、独立卫生间、独立淋浴、24小时冷热水。

**旅店设施**：室内游泳池、桑拿浴、保龄球、沙狐球、台球、羽毛球、乒乓球、飞镖、卡拉OK、棋牌；室外网球、篮球、垂钓园、采摘园、拓展基地；商务中心和会议室。

**吃在庄园**：牡丹园餐厅，60元/人。

美食推荐1：特色农家青椒鱼。
美食推荐2：滋补炖柴鸡。山庄的菜肴使用自产的有机蔬菜，柴锅鱼、鸡、鸭、鹅、兔、猪都是自养的，处处透着自有的农家风味。

## 顺路玩

### 1. 焦庄户地道战遗址纪念馆

　　位于北京顺义龙湾屯镇焦庄户村。

门票：凭身份证免费

开放时间：8：30～16：30。联系电话：010-60461906。

推荐理由：抗日战争时期，面对猖獗一时的日本侵略者，如何在敌强我弱的形势下，保护好自己，同时又要狠狠打击敌人呢，聪明的华北人民发明了一种新的斗争形式——地道战。

### 2. 奥林匹克水上公园

　　位于北京顺义地区马坡镇潮白河畔，北京奥运会和残奥会的赛艇、皮划艇、激流回旋、马拉松游泳的比赛项目在这里举办。

门票：20元/人。

开放时间：9：00～18：00。联系电话：010-69402217。

推荐理由：体味古老的东方文明与现代奥林匹克精神如何完美的结合。

## Day 1

8:00 望和桥出发
9:30 抵达安利隆山庄
9:30~10:00 办理入住登记
10:00~15:00 带好路餐和水以及登山的工具，登北京最长浅山步道（由于全程为125公里，所以请选择好返程区间段），一路登山赏景

16:00~18:00 回到房间，先冲个澡，放松一下身心，然后在山庄里面休闲漫步
18:00~20:00 在山庄内晚餐，品味山庄内独具特色的美食
20:00~22:00 可以前往室内体育健身及娱乐，然后舒服地睡上一觉

## Day 2

8:00~9:00 早餐
9:00~11:00 享受山庄内的田园风光，然后到田园里进行采摘
11:00~13:00 午餐
13:00 可返程，或是前往焦庄户地道战遗址纪念馆，或是前往奥林匹克水上公园漫步

**2 Day Route** 日游 建｜议｜行｜程

## 望和桥→安利隆山庄　详细路书

总里程：57.2公里

| 编号 | 起点 | 公里数 | 照片编号 | 道路状况 |
|---|---|---|---|---|
| 1 | 北四环望和桥 | 0 | 1 | 高速公路 |
| 2 | G45 大广高速（京承高速）收费站 | 6.5 | 2 | 高速公路 |
| 3 | 赵全营出口 | 19.2 | 3 | 高速公路出口 |
| 4 | 出口右转，进入昌金路 | 0.2 | 4 | 郊区道路 |
| 5 | 沿昌金路行驶至安利隆路口，左转进入安利隆 | 30.5 | 5 | 郊区道路 |
| 6 | 沿路行驶，即可到达终点 | 1.0 | 6 | 郊区道路 |

### DATA

地址：北京顺义区龙湾屯镇山里辛庄东
邮编：101309
联系电话：010-60462323
联系手机：13910657162
传真：010-60463583
网址：www.anlilong.com
停车场地：有停车场

**代金券** 惠
¥20元（草莓／樱桃）
¥10元（杏／梨）
住宿：7折
娱乐：6折
* 需提前1周电话预定。预订电话：60462323
* 采摘2斤以上可使用代金券一张。
* 截止2015年12月31日

微信扫一扫
获取电子优惠券

## 顺义区 ▸ 七彩蝶园

北京市级 ★★★★

七彩蝶园位于北京顺义区临空国际高新技术产业基地临空路二路 1 号，占地面积约 0.67 平方公里。集蝴蝶养殖、观赏、科普教育以及其他文化活动为一体，是全国唯一以蝴蝶为主题的亲子教育基地和科普教育基地。园区分为蝴蝶观赏区、科普文化展区、标本展区、放飞广场、DIY 体验区等多个区域。

### 推荐理由

七彩蝶园是亚洲最大的活体蝴蝶观赏园。伴随着阵阵清风，走进蝴蝶谷，你一定会被眼前的景象惊呆：谷里繁花似锦，数不清的蝴蝶在漫天飞舞，有黑色的、白色的、金黄色的……品种之多，数量之巨，不似在人间。如果你足够幸运，还能亲眼观察到破蛹化蝶的精彩瞬间。即使在白雪皑皑的冬季，这里也有蝴蝶飞舞。

### 采摘品种

野菜、苹果、樱桃、白薯和胡萝卜。

### 采摘周期

野菜春季；苹果 10 月；樱桃 5 ~ 6 月；白薯 9 月；胡萝卜 9 月。

特别推荐 1：活体蝴蝶观赏。
特别推荐 2：蝴蝶放飞。

吃在庄园：快餐，25 元 / 人。

### 顺路玩

**1. 小汤山龙脉温泉度假村**

位于昌平区小汤山镇（小汤山镇政府北侧）。

门票：100 元 / 人。

开放时间：9：00 ~ 24：00。联系电话：010-61795906，400-009-6120。

推荐理由：地下蕴藏着国内首屈一指的淡温泉，是一所具有温泉特色的超大型度假村。

**2. 花水湾磁化温泉度假村**

位于七彩蝶园西南约 6 公里，高丽营镇白良路（原三干渠路），高丽营镇 99 号。

门票：有团购（请参见各团购网站）。

开放时间：8：30 ~ 24：00。联系电话：010-86369000。

推荐理由：这里是北京市唯一的一个磁化温泉，集康体娱乐休闲等项目于一身。

## Day ①

8:00 望和桥出发
8:40 到达七彩蝶园
9:00~11:30 游玩七彩蝶园，在这里观世界最多品种的蝴蝶，可在放飞广场进行彩蝶的
放飞，带上小朋友一起参加蝴蝶主题的亲子活动
11:30~12:30 午餐，园内是快餐
12:30~15:00 在采摘园里游玩、拍照和采摘
15:00 返程，或前往花水湾磁化温泉度假村或小汤山龙脉温泉度假村享受温泉的舒适

**1** Day Route 日 游 建|议|行|程

### 望和桥→七彩蝶园　详细路书

总里程：32.2公里

| 编号 | 起点 | 公里数 | 照片编号 | 道路状况 |
|------|------|--------|----------|----------|
| 1 | 北四环望和桥 | 0 | 1 | 高速公路 |
| 2 | G45 大广高速（京承高速）收费站 | 6.5 | 2 | 高速公路 |
| 3 | 高丽营出口 | 17 | 3 | 高速公路出口 |
| 4 | 出口右转，进入白马路 | 0.5 | 4 | 郊区道路 |
| 5 | 沿白马路行驶，路左侧即为终点，在前方路口调头，继续沿白马路反向行驶 | 7.2 | 5 | 郊区道路 |
| 6 | 沿白马路行驶，即可到达终点 | 1.0 | 6 | 郊区道路 |

### DATA

名称：北京七彩蝶创意文化有限公司
星等级：市级 4 星
邮编：101300
联系手机：13910181375
E-MAIL：qicaidie@126.com
银联卡：可使用
停车场地：面积 8000 平方米

简称：七彩蝶园
地址：北京顺义区临空国际高新技术产业基地临空路二路 1 号
联系电话：010-89422400
传真：010-89422400-8012
网址：www.bjqcd.com
信用卡：VISA、MASTER 、JCB 和 AE 卡

# 顺义区 ▶ 双河果园

北京市级 ★★★★

双河果园占地面积约 0.67 平方公里，主要种植和销售各类水果，包括樱桃、苹果、梨、草莓、杏、李和桃等百余品种，鲜果供应遍及全年 12 个月。园区环境优美，水质甘甜，园区周边交通、餐饮和住宿便利。

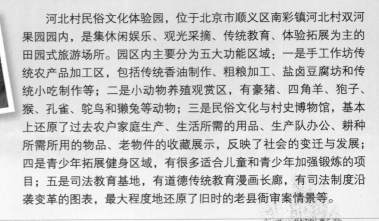

河北村民俗文化体验园，位于北京市顺义区南彩镇河北村双河果园园内，是集休闲娱乐、观光采摘、传统教育、体验拓展为主的田园式旅游场所。园区内主要分为五大功能区域：一是手工作坊传统农产品加工区，包括传统香油制作、粗粮加工、盐卤豆腐坊和传统小吃制作等；二是小动物养殖观赏区，有豪猪、四角羊、狍子、猴、孔雀、鸵鸟和獭兔等动物；三是民俗文化与村史博物馆，基本上还原了过去农户家庭生产、生活所需的用品、生产队办公、耕种所需所用的物品、老物件的收藏展示，反映了社会的变迁与发展；四是青少年拓展健身区域，有很多适合儿童和青少年加强锻炼的项目；五是司法教育基地，有道德传统教育漫画长廊，有司法制度沿袭变革的图表，最大程度地还原了旧时的老县衙审案情景等。

## 推荐理由

果园的水果长得特别好，尤其是樱桃，很大一片樱桃园里满眼是又红又大的樱桃，采摘的时候还可随意品尝。

## 采摘品种

樱桃、杏、桃、葡萄、梨、杏李和苹果。

## 采摘周期

樱桃 5 ~ 6 月；杏 6 ~ 7 月；桃 7 ~ 8 月；葡萄 8 ~ 9 月；梨 9 ~ 10 月；杏李（布朗）6 ~ 7 月；苹果 9 ~ 11 月。

特别推荐 1：樱桃。果园的樱桃有红灯、红艳、红蜜、早大果和萨米脱等 98 个品种，个大饱满、美味多汁且营养丰富。其中红灯系列樱桃连续多年获得北京市樱桃擂台大赛金奖。

特别推荐 2：苹果。果园有富士、王林、斗南、乔纳金等 118 种苹果品种，其中斗南苹果在北京奥运推荐果品综合评选中获一等奖，"中国·昌平第三届苹果擂台赛"获传统品种组一等奖。

**吃在庄园**：顺香府，双河苑大灶台。

美食推荐：农家饭，柴锅炖大鹅。

## 顺路玩

**1. 七彩蝶园**

详见"顺义区——七彩蝶园"篇。（P52）

**2. 奥林匹克水上公园**

详细请见前文 P80。

**住在庄园**：周边的瑞麟湾温泉度假酒店有多种房型。

电话：89468899 转 8806 / 8809；
地址：顺义区南彩镇顺平辅线 39 号（箭杆河桥往北约 500 米）
客房设备：中央空调、私人保险柜、卫星电视和宽带网络等。
旅店设施：温泉。

## Day ①

8:00 望和桥出发
8:40 驱车前往双河果园
9:00~11:00 河北村民俗文化体验园里拍照、喂养小动物、参观民俗博物馆及采摘新鲜水果
11:00~13:00 在双河果园内午餐
13:00 可到达七彩蝶园或奥林匹克水上公园
13:30~15:30 游玩在七彩蝶园或奥林匹克水上公园

**1** Day Route
日游
建|议|行|程

## 望和桥→双河果园　详细路书

总里程：37.6 公里

| 编号 | 起点 | 公里数 | 照片编号 | 道路状况 |
|---|---|---|---|---|
| 1 | 北四环望和桥 | 0 | 1 | 高速公路 |
| 2 | G45 大广高速（京承高速）经收费站继续沿 G45 行驶 | 6.5 | 2 | 高速公路 |
| 3 | 沿 G45 行驶至鲁疃桥，右转进入机场北线 | 8.5 | 3 | 高速公路 |
| 4 | 沿机场北线行驶，经收费站后，继续沿道路行驶 | 9.0 | 4 | 高速公路 |
| 5 | 沿机场北线行驶至枯柳树桥，向右盘桥进入回民营桥，进入顺平路 | 0.6 | 5 | 高速公路出口 |
| 6 | 沿顺平路行驶至箭杆河桥左转，即可到达终点 | 13 | 6/7 | 郊区道路 |

### DATA

名称：北京市双河果园
星等级：国家级 4 星；市级 4 星
地址：北京市顺义区南彩镇河北村双河果园
邮编：101300
联系电话：010-89477712
联系手机：13901049882
传真：010-89477712
E-MAIL： newshuanghe@sohu.com
银联卡：可用
信用卡：VISA、MASTER、JCB 和 AE 卡
停车场地：有 3 个停车场

## 顺义区 > 万科艺园

北京市级 ★★★★

北京万科艺园农业科技发展有限公司蔬菜基地成立于 2000 年，位于顺义区高丽营镇七村东侧，临近北京六环路和京承高速路的白马路与天北路交汇处，交通十分便利。基地占地面积 21.66 万平方米，通过借助标准化手段，创新蔬菜生产组织形式，采用会员制的产业化模式，建成优良蔬菜示范试验田 180 亩，累计发展绿色会员 1800 人。基地目前是一家集餐饮、住宿、会议、娱乐、蔬果采摘与农业种植体验、农业科普教育、农业科技推广于一体的综合型的现代农业观光示范园。

### 推荐理由

租上一分地（约 66 平方米），想种什么自己决定，自己播种，自己收获，做一个"时尚地主"。如果平时没有时间照看，农场会免费替你照料菜地，保证收获没有污染的蔬菜。如果连摘菜都不想亲自过来，可以打个电话让农场送菜上门。在这里不仅能认领地，还能认养果树、认养小鸽子，还可以采摘紫薯、紫花生和绿色无公害蔬菜，还可以捡拾芦花鸡蛋等。

### 采摘品种

蔬菜、樱桃和油桃。

### 采摘周期

蔬菜全年；樱桃 5 月下旬；油桃 6 月下旬。
特别推荐：蔬菜种植体验。园区内无公害、有机蔬果采摘面积达 200亩，温室大棚数栋，瓜果蔬菜 50 多种，在闲暇时间可享受农田劳作的乐趣。

**住在庄园**：标间 198 元 / 间·天。

**客房设备**：液晶电视、独立卫浴、免费上网和 WLAN
**旅店设施**：会议室、垂钓园和马术健身休闲所。

### 顺路玩

**1. 七彩蝶园**
详见"顺义区——七彩蝶园"篇。（P62）

**2. 奥林匹克水上公园**
详细请见前文 P60。

**吃在庄园**：万科艺园餐厅，100 元 / 人。

**美食推荐**：万科艺园区主打特色美食蒙古大营烤全羊。在品尝到正宗的蒙古餐饮的同时欣赏热情奔放的草原歌舞。

## Day ①

8:00 望和桥出发
9:00 可到达北京国际鲜花港或奥林匹克水上公园
9:00~11:00 游玩在北京国际鲜花港或奥林匹克水上公园
11:00~12:00 驱车前往万科艺园
12:00~14:00 在万科艺园内午餐，午餐后入住

14:00~16:00 在万科艺园，租上一分属于自己的地，体验属于自己的无公害有机食品的种植
16:00~18:00 田间休闲
18:00~20:00 在园内晚餐，享受蒙古风情
20:00~22:00 自由活动

## Day ②

8:00~9:00 早餐
9:00~11:00 可带好渔具到垂钓园休闲垂钓
11:00~13:00 园内午餐、退房
13:00~15:00 在田间地头采摘自己的果实
15:00 返程

2 Day Route 日游 建|议|行|程

# 望和桥→万科艺园　详细路书

总里程：28 公里

| 编号 | 起点 | 公里数 | 照片编号 | 道路状况 |
|---|---|---|---|---|
| 1 | 北四环望和桥 | 0 | 1 | 高速公路 |
| 2 | G45 大广高速（京承高速）收费站 | 6.5 | 2 | 高速公路 |
| 3 | 高丽营出口 | 17 | 3 | 高速公路出口 |
| 4 | 出口右转，进入白马路 | 0.5 | 4 | 郊区道路 |
| 5 | 沿白马路行驶至第三个红绿灯路口调头，继续沿白马路反向行驶 | 3.2 | 5 | 郊区道路 |
| 6 | 沿白马路行驶，即可到达终点 | 0.8 | 6 | 郊区道路 |

## DATA

名称：北京万科艺园农业科技发展有限公司
简称：万科艺园农业体验园
星等级：国家级 4 星；市级 4 星
地址：北京市顺义区高丽营镇七村东侧天白路口西行 700 米路北
邮编：101303　　　　联系电话：010-69456680
联系手机：13301120138　传真：010-69457721
E-MAIL：69457760@163.com
网址：www.wankeyiyuan.com
银联卡：可用　　　　停车场地：有 3 个停车场

万科艺园

终

4

3

5

奥林匹克水上公园

七彩蝶园

京平高速

2

大广高速收费站

北五环

起

望和桥

终
极
路
书

# 顺义区 北京牡丹文化产业园 北京市级 ★★★★

北京牡丹文化产业园园区有二十多种彩叶植物上万棵，地被花卉 150 多亩，可以在园区内欣赏到北京的四季美景。园区内种植牡丹约 1500 个品种 500 多亩。园区内建有苏州园林，公园旁建有异域风格的竹楼，在公园内可以体验南方园林，欣赏南方花卉，享受置身各种彩叶植物森林的感觉。同时，可采摘、垂钓、烧烤、婚纱摄影及举办，婚庆典礼等。

## 推荐理由

园内的牡丹花色泽艳丽，玉笑珠香，风流潇洒，富丽堂皇，颇有"花中之王"的风采，与园内南方风格园林相得益彰。还可以顺便去七彩蝶园看看蝴蝶，去小汤山龙脉温泉泡泡。

## 采摘品种

牡丹花、玫瑰花，桑葚、山楂。
特别推荐 1：牡丹花瓣和花蕊。
特别推荐 2：玫瑰花。

## 采摘周期

牡丹花瓣和花蕊（高级保健茶），采摘时间五一前后；玫瑰花，采摘时间：5月至 10 月，以五月最好。
桑葚，采摘时间：5月
山楂，采摘时间：9月

## 顺路玩

**1. 小汤山龙脉温泉度假村**
详细请见前文 P62。

**2. 花水湾磁化温泉度假村**
详细请见前文 P62。

吃在庄园：园区内垂钓鱼池里有纯天然无饲料喂养的鲤鱼、青鱼、鲫鱼、草鱼等各种鱼类。

美食推荐：柴鸡。在林地中散养的鸡运动量充足，是原生态鸡，其营养价值远非养殖场饲料喂养的鸡可比。

## Day ①

**1** Day Route 日游 建｜议｜行｜程

8:00 望和桥出发
9:00 可到达北京牡丹文化产业园
9:00~11:00 在园区内游览和观赏 1500 多个品种的牡丹
11:00~13:00 在园内进行午餐
13:00~16:00 在园内垂钓鱼池里进行垂钓
16:00 返程，或前往小汤山龙脉温泉度假村或花水湾磁化温泉度假村享受温泉

## 望和桥→北京牡丹文化产业园　详细路书

总里程：28.37 公里

| 编号 | 起点 | 公里数 | 照片编号 | 道路状况 |
|---|---|---|---|---|
| 1 | 北四环望和桥 | 0 | 1 | 高速公路 |
| 2 | G45 大广高速（京承高速）收费站 | 6.5 | 2 | 高速公路 |
| 3 | 赵全营出口 | 19.2 | 3 | 高速公路出口 |
| 4 | 出口右转，进入昌金路 | 0.2 | 4 | 郊区道路 |
| 5 | 沿昌金路行驶至板桥西口，左转进入三干渠路，向板桥方向 | 0.87 | 5 | 郊区道路 |
| 6 | 沿三干渠路行驶，即可到达终点 | 1.6 | 6 | 村级道路 |

### DATA

地址：北京市顺义区赵全营镇板桥村京承高速西北侧
邮编：101301
联系手机：13718751232
E-MAIL：1285249008@qq.com
停车场地：有停车场

昌　金　路
北京牡丹文化产业园
京承高速
小汤山龙脉温泉度假村
北
花水湾磁化温泉度假村
六
环
五环
五环
望和桥

终
极
攻
书

园区全部为有机种植，有 50 多种天然绿色、健康新鲜的蔬菜和水果。园内 3000 平方米水面，全面承接各大钓鱼活动。营造一个集钓、抓、捕、赶、引、学、品、拓、赏、购等为一体的，以体验钓鱼生活为核心内容的新的旅游方式。

## 推荐理由

独立小厨房供喜欢厨艺的朋友亲自下厨烹饪。基地配有现代化住宿设施，每日可接待 500 多游客。基地与顺义区舞彩浅山登山步道紧紧相邻，欢迎登山的游客前来休息游玩。

## 采摘品种

各种蔬菜、草莓、甜玉米、甜杏、蜜桃、苹果、野菜、樱桃和圣女果等。

## 采摘周期

蔬菜常年；草莓 12 月 ~ 次年 6 月；甜玉米 5 ~ 11 月；甜杏蜜桃；5 ~ 10 月；苹果 7 ~ 11 月；野菜常年。
特别推荐 1：草莓。
特别推荐 2：圣女果。
特别推荐 3：樱桃。

**吃在庄园**：园内餐厅。

美食推荐 1：清蒸鱼。
美食推荐 2：干煸豆角。

## 顺路玩

**1. 黑龙潭**

详细请见前文 P34。

**2. 京都第一瀑**

详细请见前文 P34。

**住在庄园**：单人间 /198 元 / 天；双人间 /218 元 / 天；多人间 /99 元 / 人·天。

**客房设备**：无线上网和液晶电视。
**旅店设施**：户外羽毛球场、棋牌室和多功能会议室。

## Day ① 

7:00 望和桥出发
9:00 可到达黑龙潭或京都第一瀑
9:00~11:30 在景区内游玩
11:30~12:30 在景区内进行午餐

15:00~16:00 驱车前往水云天采摘园
16:00~17:00 到达水云天采摘园,可入住
17:00~19:00 晚餐在水云天采摘园内
19:00~22:00 自由活动

## Day ②

8:00~9:00 早餐
9:00~11:00 享受清新的果香、蔬菜香,进行果蔬的采摘
11:00~13:00 在园内午餐
13:00 退房,返程

**2 Day Route 日游 建|议|行|程**

## 望和桥→水云天采摘园　详细路书

总里程：70.6公里

| 编号 | 起点 | 公里数 | 照片编号 | 道路状况 |
|------|------|--------|----------|----------|
| 1 | 北四环望和桥 | 0 | 1 | 高速公路 |
| 2 | G45 大广高速（京承高速）收费站 | 6.5 | 2 | 高速公路 |
| 3 | 密云出口 | 55 | 3 | 高速公路出口 |
| 4 | 出口至顺义方向 | 0.1 | 4 | 高速延伸 |
| 5 | 沿顺密路行驶至贾山村,即可到达终点 | 9.0 | 5 | 郊区道路 |

### DATA

名称：北京水云天采摘园
星等级：市级 3 星
地址：北京市顺义区木林镇贾山村南 100 米
邮编：101314
联系电话：010-60459195
联系手机：13911537404
传真：010-60459195
E-MAIL：lvfunonghezuoshe@163.com
网址：www.lfnhzs.com
停车场地：有 300 个停车位

**代金券**
**¥30元** 惠

(草莓、番茄、苹果、梨、西瓜、杏、蔬菜)

\* 需消费满 100 元,可使用一张代金券
\* 截止 2015 年 12 月 31 日

微信扫一扫
获取电子优惠券

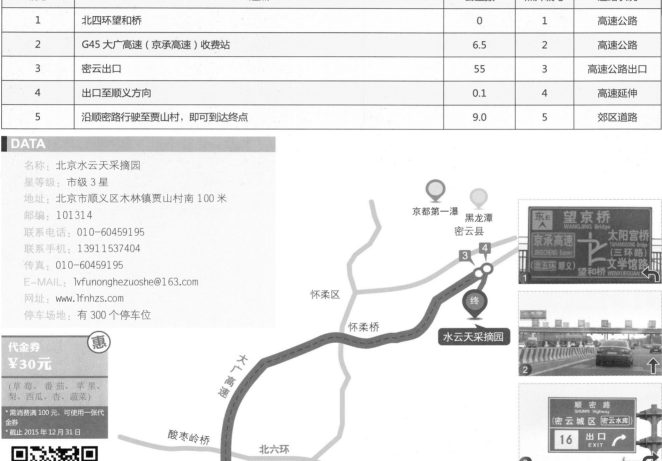

# 顺义区 ＞ 樱桃幽谷

北京市级 ★★★

樱桃幽谷位于北京市顺义区龙湾屯镇山里辛庄村东北部，总占地面积1000亩，又称"千亩樱桃园"。三十里燕山的山地资源与密云、平谷的山区连成一片，樱桃幽谷处于燕山山脉环抱中，由于山前特有的小气候的呵护，使樱桃幽谷的樱桃的成熟期普遍早于平原地区一周左右，而且采摘期长、含糖量高、口感好，"北京露天第一熟"的评价由此而来。

## 推荐理由

这里的樱桃如珠未穿孔，似火不烧人；琼液酸甜足，金丸大小匀。个个红润娇艳、味美多汁。

## 采摘品种

樱桃，杏，桃，李子，梨和苹果。

特别推荐1：樱桃。

特别推荐2：樱桃幽谷不同季节有不同的主题活动，每年春季的亲子植树活动吸引大批家庭参与。

## 采摘周期

樱桃5月25日～6月30日；杏6月25日～7月15日；桃7月20日～9月5日；李子8月10日～9月15日；梨9月25日～10月15日；苹果10月5日～11月30日。

## 顺路玩

**1. 焦庄户地道战遗址纪念馆**

详细请见前文 P60。

**2. 奥林匹克水上公园**

详细请见前文 P60。

**住在庄园**：农家院 15 元 / 人 / 晚起。

**吃在庄园**：田淑兰农家院，人均消费 40 元。

美食推荐1：馅儿糊饼、擦各豆、高粱米粥、炒山蘑、驴肉小腿、炸花椒芽、拌野菜、卤水豆腐和自制炸合。

美食推荐2：农家饭。贴饼子熬小鱼、侉炖鱼、焖小鱼、清炒（软炸）小河虾和摊柴鸡蛋饼。

美食推荐3：野菜类，包括山野菜、木兰芽、香椿芽、炸花椒芽。

美食推荐4：主食类，包括豆面疙瘩、贴饼子、菜团子、小米粥、棒渣粥。

## Day ①

8:00 望和桥出发
9:30 到达樱桃幽谷
9:30~11:30 在园区内游玩和采摘
11:30~13:30 在景区附近的农家院午餐
13:30 返程，或是前往焦庄户地道战遗址纪念馆，或是前往奥林匹克水上公园漫步

**1** Day Route
日 游
建｜议｜行｜程

## 望和桥→樱桃幽谷　详细路书

总里程：56 公里

| 编号 | 起点 | 公里数 | 照片编号 | 道路状况 |
|---|---|---|---|---|
| 1 | 北四环望和桥 | 0 | 1 | 高速公路 |
| 2 | G45 大广高速（京承高速）收费站 | 6.5 | 2 | 高速公路 |
| 3 | 赵全营出口 | 19.2 | 3 | 高速公路出口 |
| 4 | 出口右转，进入昌金路 | 0.2 | 4 | 郊区道路 |
| 5 | 沿昌金路行，见樱桃标志，道路左侧即可到达终点 | 30 | 5 | 郊区道路 |

### DATA

名称：樱桃幽谷
地址：北京市顺义区龙湾屯镇山里辛庄村
邮编：101309
联系电话：010-60462756
联系手机：13716187024
E-MAIL：Yingtaoyougu@163.com
网址：www.yingtaoyougu.com
停车场地：有 400 个停车位

代金券
**¥20元**
惠
（樱桃、苹果）

* 需消费满 100 元，可使用一张代金券
* 截止 2015 年 12 月 31 日

微信扫一扫
获取电子优惠券

终
极
略
书

## 顺义区 海顺宏远采摘园

海顺宏远采摘园位于顺义区，地理位置优越，产销绿色无公害农产品。

### 👍 推荐理由

在采摘鲜果后顺便参观焦庄户地道战遗址纪念馆，在整洁的农家院小憩，听抗战史，吃抗战饭。这里是观光休闲的理想之地，也是您忙碌生活中的一段畅游自然的和谐之旅。还可以顺便去七彩蝶园、安利隆生态 旅游山庄、北京国际鲜花港、汉石桥湿地公园和奥林匹克水上公园等处游玩。

### 采摘品种

芦笋。

### 采摘周期

4 ~ 10月。

### 顺路玩

**1. 焦庄户地道战遗址纪念馆**
详细请见前文 P60。

**2. 奥林匹克水上公园**
详细请见前文 P60。

## Day ①

8:00 望和桥出发
9:00~9:30 可到达焦庄户地道战遗址纪念馆或是奥林匹克水上公园
9:30~11:30 在景区内游玩
11:30~13:30 在景区附近的农家院午餐
13:30~14:00 驱车前往海顺宏远采摘园
14:00~16:00 采摘新鲜的芦笋
16:00 返程

## 望和桥→海顺宏远采摘园　详细路书

总里程：46.5公里

| 编号 | 起点 | 公里数 | 照片编号 | 道路状况 |
|---|---|---|---|---|
| 1 | 北四环望和桥 | 0 | 1 | 高速公路 |
| 2 | G45 大广高速（京承高速）收费站 | 6.5 | 2 | 高速公路 |
| 3 | 赵全营出口 | 19.2 | 3 | 高速公路出口 |
| 4 | 出口右转，进入昌金路 | 0.2 | 4 | 郊区道路 |
| 5 | 沿昌金路行驶，见左前方泥香葡萄园指示牌，左转 | 18.5 | 5 | 郊区道路 |
| 6 | 沿路行驶到道路尽头，右转 | 0.9 | 6 | 村级道路 |
| 7 | 沿路行驶到道路尽头，左转 | 0.5 | 7 | 村级道路 |
| 8 | 沿路行驶，即可到达终点 | 0.7 | 8 | 村级道路 |

**代金券**
**¥20元**
惠

（芦笋）

* 需消费满100元，可使用一张代金券
*2015年4月1日到2015年10月1日

微信扫一扫
获取电子优惠券

**DATA**

名称：海顺宏远采摘园
地址：北京市顺义区北小营镇大胡营村南
邮编：101305　　联系手机：13501033206

终
极
路
书

# 顺义区 | 东周丰源生态农庄 | 北京市级 ★★★

东周丰源（北京）有机农业有限公司成立于 2006 年 6 月 16 日，公司以有机健康生活为理念，以诚信为原则，以土壤健康为根本，致力于中国现代农业特别是有机农业的发展。

公司的"翠京元"有机产品严格按照有机标准进行生产，以微生物菌剂维护土壤健康，不使用任何化学肥料、激素等有害物质，确保植物健康生长、自然成熟。翠京元有机农产品包括蔬果、大米、杂粮等，已进驻各地精品商超。翠京元有机农场分布于京、沪、川、渝、鲁、粤、辽、黑等省市以及香港特别行政区，总面积达 2 万多亩，且地区和规模仍在不断扩大。

因有机生产需要，翠京元有机农场只提供出租，而不提供对外开展采摘服务。

## 推荐理由

东周丰源有机农业有限公司现有百亩有机蔬菜地对外出租，在这里我们提供优质的土壤，准备了轻便的工具，优质的蔬菜种子，以及有机肥料，生物农药等全套种植必备条件，让你及家人每天都能吃上自己种的有机蔬菜。当无暇抽身管理菜地时，有专业的管理人员为你打理，免除你的后顾之忧。

吃在庄园：有会员 DIY 家庭厨房，可做有机素食和烧烤。

美食推荐 1：有机素食地三鲜。食材为有机土豆、有机茄子和有机青椒。

美食推荐 2：素炒松花菜。食材为有机松花菜。

## 顺路玩

**1. 小汤山龙脉温泉度假村**
详细请见前文 P62。

**2. 九华山庄温泉度假村**
详细请见前文 P62。

## Day ① 建议行程

Day Route
1 日游

8:00 望和桥出发
9:40 可到东周丰源生态农庄
9:40~11:30 在园区内种菜
11:30~13:30 在园区内午餐
13:30 返程，或前往小汤山龙脉温泉度假村或九华山庄温泉度假村享受温泉

## 望和桥→东周丰源生态农庄　详细路书

总里程：56.2公里

| 编号 | 起点 | 公里数 | 照片编号 | 道路状况 |
|---|---|---|---|---|
| 1 | 北四环望和桥 | 0 | 1 | 高速公路 |
| 2 | G45 大广高速（京承高速）收费站 | 6.5 | 2 | 高速公路 |
| 3 | 高丽营出口 | 17 | 3 | 高速公路出口 |
| 4 | 出口右转，进入白马路 | 0.5 | 4 | 郊区道路 |
| 5 | 沿白马路行驶至二郎庙北口，左转进入中干渠路，昌金路方向 | 29.5 | 5 | 郊区道路 |
| 6 | 沿中干渠路行驶至徐庄村口，右转 | 0.6 | 6 | 郊区道路 |
| 7 | 沿路行驶，见小绿桥后，左转 | 1.2 | 7 | 村级道路 |
| 8 | 沿路行驶，道路左侧即可到达终点 | 0.9 | 8 | 村级道路 |

### ▋ DATA

地址：东周丰源生态农庄
邮编：101309
网址：http://www.organicagri.cn

地址：北京市顺义区杨镇别庄村中心路 24 号
联系电话：010-61457155
停车场地：有 6 个停车位

## 顺义区　锦绣时光农业观光园　北京市级 ★★★

北京锦绣时光农业观光园占地面积 300 余亩，员工百余人，其中有采摘果园、鱼塘、智能温室等设施。

### 推荐理由

锦绣时光农业观光园园内的樱桃和无花果都是纯天然的，还可进行垂钓、农事体验。

### 采摘品种

樱桃和无花果。

### 采摘周期

樱桃 5 月 10 日 ~ 6 月 10 日；
无花果 6 月 10 日 ~ 10 月 10 日。
特别推荐 1：早大果、乌克兰 2 号、红灯、红密等品种的大樱桃，布兰瑞克、玛斯易陶芬品种的无花果采摘。
特别推荐 2：垂钓、农事体验。

### 顺路玩

**1. 七彩蝶园**
详见"顺义区——七彩蝶园"篇。（P62）

**2. 奥林匹克水上公园**
详细请见前文 P60。

## Day ① 建议行程

**1** Day Route
日 游

8:00 望和桥出发
9:00~9:30 可到达七彩蝶园或奥林匹克水上公园
9:30~11:30 在景区内游玩
11:30~13:30 在景区附近的农家院午餐
13:30~14:00 驱车前往锦绣时光农业观光园
14:00~16:00 在园区内游玩、拍照和采摘
16:00 返程

## 望和桥→锦绣时光农业观光园　详细路书

总里程：38.2公里

| 编号 | 起点 | 公里数 | 照片编号 | 道路状况 |
|------|------|--------|----------|----------|
| 1 | 北四环望和桥 | 0 | 1 | 高速公路 |
| 2 | G45 大广高速（京承高速）收费站 | 6.5 | 2 | 高速公路 |
| 3 | 赵全营出口 | 19.2 | 3 | 高速公路出口 |
| 4 | 出口右转，进入昌金路 | 0.2 | 4 | 郊区道路 |
| 5 | 沿昌金路行驶至榆林路口，右转进入左堤路，奥林匹克水上公园、顺平路方向 | 10.5 | 5 | 郊区道路 |
| 6 | 沿左堤路行驶至调头点，调头，继续沿左堤路反向行驶 | 1.4 | 6 | 郊区道路 |
| 7 | 沿左堤路行驶，即可到达终点 | 0.4 | 7 | 郊区道路 |

**代金券** 惠
**¥20元**

（樱桃）

* 需消费满100元，可使用一张代金券
*2015年5月10日到2015年6月5日

微信扫一扫
获取电子优惠券

**DATA**

名称：锦绣时光农业观光园
地址：北京市顺义区北小营镇榆林村
邮编：101305
联系电话：010-60482760
联系手机：13001050966

奥林匹克水上公园

七彩蝶园

终

锦绣时光农业观光园

北六环

京承高速

北五环

京承高速收费站

北四环

起

望和桥

## 顺义区 — 人之初樱桃采摘园

北京市级 ★★★

人之初农业发展有限公司位于北京市顺义区新顺平路北，南彩镇河北村加油站西侧，距北京市区 30 公里，毗邻首都国际机场。果园总面积 100 亩，该园目前栽培树种是樱桃，有红灯、美早、拉宾斯红蜜、佳红萨米托、先锋和巨红等 20 多个品种，全园都是有机栽培。

### 推荐理由

北京人之初樱桃园所产樱桃品质优良，在全国、北京市、顺义区举办的多次樱桃大赛中荣获一等奖、金奖，并被授予北京市民定点观光采摘园。

### 采摘品种

樱桃。

特别推荐 1：红灯、美早和拉宾斯等红樱桃品种。

特别推荐 2：佳红、巨红等黄色品种樱桃。

### 采摘周期

5 月 20 日 ~ 6 月 20 日。

### 顺路玩

**1. 七彩蝶园**

详见"顺义区——七彩蝶园"篇。（P62）

**2. 奥林匹克水上公园**

详细请见前文 P60。

## Day ①

8:00 望和桥出发
9:00~9:30 可到达七彩蝶园或奥林匹克水上公园
9:30~11:30 在景区游玩
11:30~13:30 在园区附近的农家院午餐
13:30~14:00 驱车前往人之初樱桃采摘园
14:00~16:00 在园区里拍照、采摘新鲜的樱桃
16:00 返程

**Day Route**
**1** 日游
建议行程

## 望和桥→人之初樱桃采摘园　详细路书

总里程：37.5公里

| 编号 | 起点 | 公里数 | 照片编号 | 道路状况 |
|---|---|---|---|---|
| 1 | 北四环望和桥 | 0 | 1 | 高速公路 |
| 2 | G45大广高速（京承高速）经收费站继续沿G45行驶 | 6.5 | 2 | 高速公路 |
| 3 | 沿G45行驶至鲁疃桥，右转进入机场北线 | 8.5 | 3 | 高速公路 |
| 4 | 沿机场北线行驶，经收费站后，继续沿道路行驶 | 9.0 | 4 | 高速公路 |
| 5 | 沿机场北线行驶至枯柳树桥，向右盘桥进入回民营桥，进入顺平路 | 0.6 | 5 | 高速公路出口 |
| 6 | 沿顺平路行驶至河北村渠桥调头，继续沿顺平路方向行驶 | 12 | 6 | 郊区道路 |
| 7 | 沿顺平路行驶经加油站后，路口右转 | 0.5 | 7 | 郊区道路 |
| 8 | 沿路直行，左侧道路即可到达终点 | 0.2 | 8 | 村级道路 |

### DATA

名称：人之初樱桃采摘园
邮编：101300
联系手机：13718860111，13511080188
停车场地：有100个停车位

地址：北京市顺义区南彩镇河北村
联系电话：15910368529
E-MAIL：Zqq68@126.com

终
极
路
书

代金券
¥20元

（樱桃）

* 需消费满100元，可使用一张代金券
* 同时可在北京吉祥采摘园使用
* 2015年5月20日到2015年6月20日

微信扫一扫
获取电子优惠券

# 顺义区 ◄ 北京世外苑农场

北京世外苑农场始建于 2003 年，以采摘桃为主，兼杏、李等 50 余个品种。还散养着鸡、鸭、鹅禽类等数千只。

 ## 推荐理由

北京世外苑农场始建于 2003 年，自建之日起，始终贯彻以人为本的理念，建成集旅游、采摘和娱乐功能为一体庄园，让人们吃上真正的有机、绿色、无公害的果品、蔬菜和禽类。

## 采摘品种

桃、李子和杏。

## 顺路玩

**1. 七彩蝶园**

详见"顺义区——七彩蝶园"篇。（P62）

**2. 奥林匹克水上公园**

详细请见前文 P60。

## 采摘周期

6 ~ 10 月。

## Day ①

**1** Day Route
日 游
建|议|行|程

8:00 朝阳公园出发
9:00~9:30 可到达七彩蝶园或奥林匹克水上公园
9:30~11:30 在景区游玩
11:30~12:30 驱车前往世外苑农场
12:30~14:30 在世外苑农场午餐，品尝绿色有机的美味
14:30~16:00 在园区里拍照、采摘，或购买鸡蛋等
16:00 返程

## 朝阳公园桥→北京世外苑农场　详细路书

总里程：35.3 公里

| 编号 | 起点 | 公里数 | 照片编号 | 道路状况 |
|---|---|---|---|---|
| 1 | 东四环朝阳公园桥 | 0 | 1 | 城区道路 |
| 2 | 沿姚家园路接机场第二高速，右转进入京平高速 | 19 | 2 | 城区道路＋高速公路 |
| 3 | 沿京平高速驶入吴各庄收费站，继续沿京平高速行驶 | 1.0 | 3 | 高速公路 |
| 4 | 李桥出口 | 6.4 | 4 | 高速公路出口 |
| 5 | 出口至西大坨桥，左转，进入任李路 | — | 5 | 郊区道路 |
| 6 | 在西大坨桥下，右转，继续进入任李路 | 0.2 | 6 | 郊区道路 |
| 7 | 沿任李路行驶至道路尽头铺子路口，右转，进入右堤路，白庙方向 | 6.0 | 7 | 郊区道路 |
| 8 | 沿右堤路行驶至沮沟村口，左转进入沮沟村 | 0.8 | 8 | 郊区道路 |
| 9 | 沿村内道路行驶，右转 | 0.7 | 9 | 村级道路 |
| 10 | 沿路行驶，即可到达终点 | 1.2 | 10 | 村级道路 |

**DATA**

名称：北京世外苑农场
地址：北京市顺义区李桥镇南庄头村
邮编：101300
联系电话：010-69481056
联系手机：13511003141

# 顺沿特种蔬菜基地

北京市级 ★★★

北京顺沿特种蔬菜基地位于北京市顺义区李桥镇，始建于1985年，总计占地400余亩。日接待能力1000人次，可同时容纳200人就餐。

## 推荐理由

北京顺沿特种蔬菜基地以种植甜瓜和蔬菜为主，技术上依托北京蔬菜研究中心，常年聘请特种瓜菜专家致力于甜瓜及特菜优良品种的引进和推广，有紫甘蓝、球茎茴香、宝塔菜花、软化菊苣、刀豆、番杏、圣女果、蛇瓜、迷你黄瓜、袖珍西瓜、京玉系列甜瓜等上百种甜瓜、特菜。被北京市农业局列为八家特菜基地之一，先后获得《北京市食用农产品安全证书》、"高效农业园""北京市休闲农业休闲星级园区"等荣誉。

## 采摘品种

迷你黄瓜、豆角、生菜、番杏、香菇、西芹、土豆、绿大椒、青尖椒、紫甘蓝、圆茄子、西红柿、西葫芦、白菜花、胡萝卜、樱桃萝卜、大叶茼蒿和橘红心白菜；甜瓜和小西瓜等特种瓜菜。

特别推荐：甜瓜、西瓜。园区每年五一、十一黄金周期间举办甜瓜观光采摘节。

## 采摘周期

全年采摘。

## 顺路玩

**1. 七彩蝶园**

详见"顺义区——七彩蝶园"篇。（P62）

**2. 奥林匹克水上公园**

详细请见前文P60。

吃在庄园：人均80元。

美食推荐：农家特色涮锅。火锅原料全部采用园区自产的特种蔬菜，如迷你黄瓜、樱桃萝卜、宝塔菜花、软化菊苣、大叶茼蒿、穿心莲、番杏、橘红心白菜等。

## Day ①

8:00 朝阳公园桥出发
9:00~9:30 可到达七彩蝶园或奥林匹克水上公园
9:30~11:30 在景区游玩
11:30~12:30 驱车前往顺沿特种蔬菜基地
12:30~14:30 在顺沿特种蔬菜基地午餐，品尝农家特色涮锅
14:30~16:00 在基地里游玩、拍照和采摘
16:00 返程

**1** Day Route
日 游
建 议 行 程

### 朝阳公园桥→顺沿特种蔬菜基地 详细路书

总里程：28 公里

| 编号 | 起点 | 公里数 | 照片编号 | 道路状况 |
|---|---|---|---|---|
| 1 | 东四环朝阳公园桥 | 0 | 1 | 城区道路 |
| 2 | 沿姚家园路接机场第二高速，右转进入S32京平高速 | 19 | 2 | 城区道路 + 高速公路 |
| 3 | 沿S32京平高速驶入吴各庄收费站，继续行驶 | 1.0 | 3 | 高速公路 |
| 4 | 李桥出口 | 6.4 | 4 | 高速公路出口 |
| 5 | 出口至西大坨桥，左转，进入任李路 | — | 5 | 郊区道路 |
| 6 | 在西大坨桥下，左转，西树行村方向，（沿润丰顺喷灌广告牌指引方向行驶） | 0.2 | 6 | 郊区道路 |
| 7 | 沿路行驶到底，见北京顺沿特种蔬菜基地广告牌，左转 | 1.1 | 7 | 郊区道路 |
| 8 | 沿路直行，路口见润丰顺喷灌广告牌指示，左转 | 0.2 | 8 | 郊区道路 |
| 9 | 沿路直行，路左侧即可到达终点 | 0.1 | 9 | 郊区道路 |

**DATA**

GPS：E116°69'11.52"，N40°16'32.52"
地址：北京市顺义区李桥镇西树行村北
邮编：101300
联系电话：010-69485876
传真：010-69486076
E-MAIL：sytcjd@126.com
网址：http://www.tecai-sy.com/
停车场地：有3个停车场

奥林匹克水上公园

七彩蝶园

顺沿特种蔬菜基地

东

东五环

机场二高速

东六环

环

朝阳公园桥

终 极 路 书

# 北京顺彩新特果林种植中心 北京市级 ★★★

北京顺彩新特果林种植中心位于顺平路于辛庄段南侧 500 米,交通便利。主要提供樱桃采摘,樱桃有近 20 个品种,还有小部分桃可供游客采摘。园内内设有餐厅(农家饭)、客房、棋牌室和娱乐室(有台球和乒乓球)。

## 推荐理由

北京顺彩新特果林种植中心占地 170 亩,园内有樱桃树、梨树、桃树、红树莓、黑树莓、苹果树和杏树。

## 采摘品种

樱桃、桃。

## 采摘周期

5 月 20 日～ 6 月 15 日。

特别推荐:红灯、早大果、布鲁克斯、烟红、艳阳等品种的樱桃。

## 顺路玩

**1. 七彩蝶园**

详见"顺义区——七彩蝶园"篇(P62)。

**2. 奥林匹克水上公园**

详细请见前文 P60。

吃在庄园:农家饭,30 元/人。

住在庄园:2 张单人床,200 元。

客房设备:有电视、浴室和 WI-FI。

## Day ①

8:00 望和桥出发
9:00~9:30 可到达七彩蝶园或奥林匹克水上公园
9:30~11:30 在景区游玩
11:30~12:30 驱车前往北京顺彩新特果林种植中心
12:30~14:30 在北京顺彩新特果林种植中心午餐
14:30~16:00 在基地里游玩、拍照和采摘
16:00 返程

**Day Route**
1 日游
建|议|行|程

## 望和桥→北京顺彩新特果林种植中心　详细路书

总里程：42.1公里

| 编号 | 起点 | 公里数 | 照片编号 | 道路状况 |
|---|---|---|---|---|
| 1 | 北四环望和桥 | 0 | 1 | 高速公路 |
| 2 | G45大广高速（京承高速）经收费站继续行驶 | 6.5 | 2 | 高速公路 |
| 3 | 沿G45行驶至鲁疃桥，右转进入机场北线 | 8.5 | 3 | 高速公路 |
| 4 | 沿机场北线行驶，经收费站后，继续沿道路行驶 | 9.0 | 4 | 高速公路 |
| 5 | 沿机场北线行驶至枯柳树桥，向右盘桥进入回民营桥，进入顺平路 | 0.6 | 5 | 高速公路出口 |
| 6 | 沿顺平路行驶至于辛庄路口，右转进入李木路，李遂方向 | 16.7 | 6 | 郊区道路 |
| 7 | 沿李木路行驶，即可到达终点 | 0.8 | 7 | 郊区道路 |

### DATA

名称：北京顺彩新特果林种植中心
邮编：101300
联系手机：13910177091
E-MAIL：648920430@qq.com
银联卡：可用
停车场地：有100个停车位

地址：北京市顺义区南彩镇于辛庄村
联系电话：010-89466008，010-89466006
传真：010-89466006
网址：Shuncaixinte.com.cn
信用卡：可用

代金券
¥20元
（草莓）

* 需消费满100元，可使用一张代金券
*2015年1月1日到2015年4月30日

微信扫一扫
获取电子优惠券

七彩蝶园

奥林匹克水上公园

六　　　环

京承高速

北京顺彩新特果林种植中心

终

北五环

起
望和桥

# 顺义区 北京绿奥蔬菜合作社 北京市级 ★★★

北京绿奥蔬菜合作社位于顺义区大孙各庄镇，南与京平高速、龙塘路相接，北与顺平南线相连，交通十分便利。合作社于 2005 年通过了 ISO9001 质量体系认证，并获得"北京市农业标准化生产示范基地"称号。

## 推荐理由

北京绿奥蔬菜合作社先后获得北京市农业标准化先进单位、北京市科普惠农兴村计划先进单位、顺义区农村科普示范基地等荣誉称号。除了前往采摘外，还可以进行网购。

## 采摘品种

白玉苦瓜、千禧小番茄、绿宝石番茄、秋葵等。

## 采摘周期

全年。

特别推荐 1：白玉苦瓜。原产于台湾，于 2009 年开始引进种植。

特别推荐 2：秋葵。原产于非洲。我社于 2008 年开始引进种植。秋葵又名羊角豆、咖啡黄葵、毛茄，被誉为人类最佳的保健蔬菜之一。

特别推荐 3：千禧小番茄。原产地山东，2004 年开始引进种植。

特别推荐 4：绿宝石番茄。原产地台湾，2004 年开始引进种植。

## 顺路玩

**1. 七彩蝶园**

详见"顺义区——七彩蝶园"篇。（P62）

**2. 奥林匹克水上公园**

详细请见前文 P60。

吃在庄园：北京绿奥合作社餐饮部，约 30 元 / 人。

美食推荐：烙盒子。

## Day ①

8:00 朝阳公园桥出发
9:00~9:30 可到达七彩蝶园或奥林匹克水上公园
9:30~11:30 在景区游玩
11:30~12:30 驱车前往北京绿奥蔬菜合作社
12:30~14:30 在北京绿奥蔬菜合作社午餐
14:30~16:00 在园区游玩、拍照和采摘
16:00 返程

**1** Day Route
日 游
建｜议｜行｜程

## 朝阳公园桥→北京绿奥蔬菜合作社　详细路书

总里程：53.1 公里

| 编号 | 起点 | 公里数 | 照片编号 | 道路状况 |
|---|---|---|---|---|
| 1 | 东四环朝阳公园桥 | 0 | 1 | 城区道路 |
| 2 | 沿姚家园路接机场第二高速，右转进入 S32 京平高速 | 19 | 2 | 城区道路 + 高速公路 |
| 3 | 沿京平高速驶入吴各庄收费站，继续沿 S32 京平高速行驶 | 1.0 | 3 | 高速公路 |
| 4 | 木燕路出口 | 19.5 | 4 | 高速公路出口 |
| 5 | 出口左转进入大孙各庄方向 | 0.1 | 5 | 高速公路出口 |
| 6 | 第一个红绿灯左转进入龙塘路 | 7.0 | 6 | 郊区道路 |
| 7 | 龙塘路到第一个红绿灯，右转进入龙尹路，尹家府方向 | 6.7 | 7 | 郊区道路 |
| 8 | 沿龙尹路行驶，即可到达终点 | 0.8 | 8 | 郊区道路 |

### DATA

名称：北京绿奥蔬菜合作社
地址：北京市顺义区大孙各庄镇四福庄村四
　　　福通大街 485 号
邮编：101308
联系电话：010-61472238
传真：010-61472238
E-MAIL：lvao2006@126.com
网址：www.bjlvaosc.com.cn
停车场地：有 30 个停车位

代金券
采摘 9 折
* 截止 2015 年 12 月 31 日

微信扫一扫
获取电子优惠券

终
极
略
书

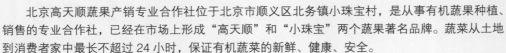

# 顺义区 ▶ 高天顺蔬菜基地

北京市级 ★★★

北京高天顺蔬果产销专业合作社位于北京市顺义区北务镇小珠宝村，是从事有机蔬果种植、销售的专业合作社，已经在市场上形成"高天顺"和"小珠宝"两个蔬果著名品牌。蔬菜从土地到消费者家中最长不超过 24 小时，保证有机蔬菜的新鲜、健康、安全。

## 推荐理由

高天顺蔬菜基地不使用任何化学物品，如人工合成的化肥、农药、生长调节剂等，只使用天然矿物、植物提取的或动物粪便等发酵而成的传统农家肥，有机蔬果的成熟过程也比普通的蔬果要漫长得多，产量当然也要比普通蔬菜低得多。但正因其"慢"，有机蔬果能更充分地汲取大地的养分，并有更充足的时间来完整地形成和储存蔬果自身特有的营养成分，真正成长为放心蔬菜。

## 采摘品种

有机蔬菜。

## 采摘周期

全年。

特别推荐：水果型蔬菜菜篮。菜蓝中有十余种水果型蔬果，包括水果玉米、水果苤蓝、水果黄瓜、水果小番茄、水果甜椒、水果生菜、水果西葫芦和水果胡萝卜等。所谓水果型蔬菜，是指那些可以生食，既有水果甜美的口感，又有蔬菜丰富的维生素和纤维素等营养物质的蔬菜。

## 顺路玩

**1. 七彩蝶园**
　　详见"顺义区——七彩蝶园"篇（P62）。

**2. 奥林匹克水上公园**
　　详细请见前文 P60。

吃在庄园：烧烤。60 元 / 人。

美食推荐：有机蔬菜包子。

## Day ①

**Day Route**
**1 日游**
**建 | 议 | 行 | 程**

8:00 朝阳公园桥出发
9:00~9:30 可到达七彩蝶园或奥林匹克水上公园
9:30~11:30 在景区游玩
11:30~12:30 驱车前往高天顺蔬菜基地
12:30~14:30 在高天顺蔬菜基地午餐、烧烤
14:30~16:00 在园区游玩、拍照和采摘
16:00 返程

## 朝阳公园桥→高天顺蔬菜基地　详细路书

总里程：41 公里

| 编号 | 起点 | 公里数 | 照片编号 | 道路状况 |
| --- | --- | --- | --- | --- |
| 1 | 东四环朝阳公园桥 | 0 | 1 | 城区道路 |
| 2 | 沿姚家园路接机场第二高速，右转进入京平高速 | 19 | 2 | 城区道路 + 高速公路 |
| 3 | 沿京平高速驶入吴各庄收费站，继续沿京平高速行驶 | 1.0 | 3 | 高速公路 |
| 4 | 北务出口 | 19.5 | 4 | 高速公路出口 |
| 5 | 出口，右转进入木燕路，燕郊方向 | 0.1 | 5 | 高速公路出口 |
| 6 | 沿木燕路直行至小珠宝村口，左转进入小珠宝村 | 0.4 | 6 | 郊区道路 |
| 7 | 沿村路直行，道路左侧即可到达终点 | 1.0 | 7 | 郊区道路 |

### ▌DATA

名称：高天顺蔬菜基地
邮编：101300
联系手机：13717750765
网址：www.gaotianshun.com

地址：北京顺义区北务镇小珠宝村
联系电话：010-61424396，010-61424368
E-MAIL：gaotianshun@sina.com
停车场地：有

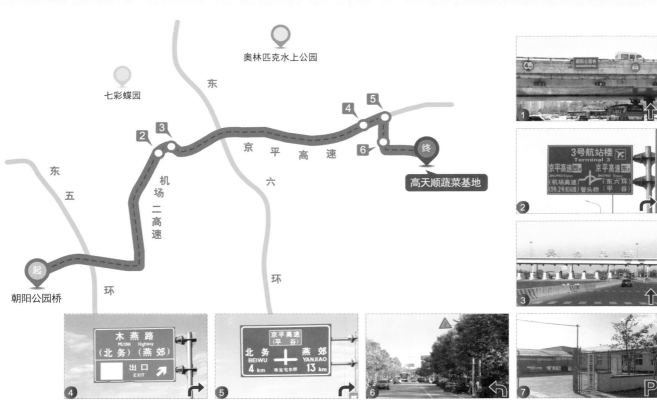

# 顺义区 ＞ 喜邦生态园

喜邦生态园位于北京最美乡村的顺义区北小营镇榆林村，奥林匹克水上公园北侧 3 公里，主营樱桃采摘，有红灯、雷尼、先锋、红艳、红蜜、大紫、早红等高档品种樱桃。樱桃使用有机化肥并加以科学管理，无任何化学添加物质，口感天然，是馈赠亲朋好友以及客户的最佳选择。

 ## 推荐理由

当露天樱桃才进入花期时，喜邦农业生态园温室樱桃已可采摘了。可提前尝鲜。

## 采摘品种

樱桃。

## 采摘周期

5 月 1 日～ 6 月 20 日。
特别推荐：红灯樱桃。

## 顺路玩

**1. 七彩蝶园**

　　详见"顺义区——七彩蝶园"篇。（P62）

**2. 奥林匹克水上公园**

　　详细请见前文 P60。

## Day ①

8:00 望和桥出发
9:00~9:30 可到达七彩蝶园或奥林匹克水上公园
9:30~11:30 在景区游玩
11:30~12:30 在景区附近的农家院午餐
12:30~13:00 驱车前往喜帮生态园
13:00~15:00 在园区游玩、拍照和采摘
15:00 返程

**Day Route**
日游
建议行程

## 望和桥→喜邦生态园　详细路书

总里程：37.2公里

| 编号 | 起点 | 公里数 | 照片编号 | 道路状况 |
|---|---|---|---|---|
| 1 | 北四环望和桥 | 0 | 1 | 高速公路 |
| 2 | G45大广高速（京承高速）收费站 | 6.5 | 2 | 高速公路 |
| 3 | 赵全营出口 | 19.2 | 3 | 高速公路出口 |
| 4 | 出口右转，进入昌金路 | 0.2 | 4 | 郊区道路 |
| 5 | 沿昌金路行驶至榆林路口，右转进入左堤路，奥林匹克水上公园、顺平路方向 | 10.5 | 5 | 郊区道路 |
| 6 | 沿左堤路行驶，即可到达终点 | 0.8 | 6 | 郊区道路 |

### DATA

名称：喜邦生态园
邮编：101300
联系手机：13552256077
E-MAIL：1950262390@qq.com

地址：北京市顺义区北小营镇榆林村西
联系电话：010-60489822
传真：010-60489933
停车场地：有200个停车位

代金券
¥30元 (水果)
住宿：9折
娱乐：9折
* 采摘需消费满100元，可使用一张代金券
* 截止2015年12月31日

微信扫一扫
获取电子优惠券

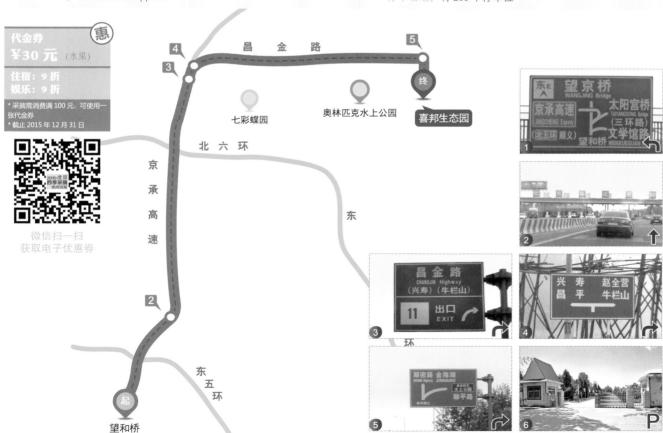

# 顺义区 金旺农业生态园

北京市级 ★★★

北京金旺果品产销专业合作社位于张镇，是京郊先进农民合作组织，被评为"北京市农业标准化生产示范基地"。积极开发的 SOD 苹果集营养、保健于一体，"SOD 系列"营养果品，打开了高端果品的市场。产品连年获得"三高杯"葡萄大赛银奖、精品梨大赛优秀奖，且包装高端精美，深受人们喜爱。

## 推荐理由

"自给自足"是金旺农业生态园的最大特征，那里的菜、蔬、肉均产自"农吧"，园内散养着柴鸡、鸭、鹅，鱼池喂养着鲜鱼，山坡上还放养着羊。苹果、桃、李子、杏、樱桃、梨是生态园里自己种植的。除此之外，山上还有野生酸枣和野菜可采摘。

## 采摘品种

樱桃、杏、李子、桃、梨、葡萄、苹果、柿子和核桃。

## 采摘周期

7 ~ 12 月。

## 顺路玩

**1. 焦庄户地道战遗址纪念馆**
　详细请见前文 P60。

**2. 奥林匹克水上公园**
　详细请见前文 P60。

**住在庄园**：人均 100 ~ 160 元。

客房设备：独立浴室、电视和宽带上网。
旅店设施：有会议室、乒乓球、垂钓、羽毛球和麻将室。

**吃在庄园**：金旺农家院，人均 50 元。

美食推荐 1：泉水炖大鹅。炖大鹅的水源是用自本园的地下 300 米深的矿泉水质井，不受污染，天然形成的地下矿泉水，含有一定量的对人体健康有益的矿物质。
美食推荐 2：泉水炖柴鸡。柴鸡是生态园里散养的，纯吃果树地下的草，不喂任何饲料。
美食推荐 3：特色水果鱼。鱼是生态园里自养的。

## Day ①

8:00 望和桥出发
9:00~9:30 可到达焦庄户地道战遗址纪念馆或奥林匹克水上公园
9:30~11:30 在景区游玩
11:30~12:00 驱车前往金旺农业生态园
12:00~14:00 在金旺农业生态园进行午餐并办理

入住
14:00~16:00 在园区游玩、拍照
16:00~18:00 休息
18:00~20:00 晚餐
20:00~22:00 自由活动

## Day ②

8:00~9:00 早餐
9:00~11:00 休闲垂钓
11:00~13:00 午餐、退房
13:00~15:00 采摘
15:00 返程

**2** Day Route 日游
建|议|行|程

## DATA

名称：金旺农业生态园
邮编：101309
联系手机：13716336067
E-MAIL：Rkjw2008@163.com
信用卡：可用

地址：北京市顺义区张镇赵各庄村村委会东北 500 米
联系电话：010-61491167
传真：010-61491167
网址：http://www.jwgphzs.com
停车场地：有 500 平方米停车场

## 望和桥→金旺农业生态园　详细路书

总里程：56.7 公里

| 编号 | 起点 | 公里数 | 照片编号 | 道路状况 |
|------|------|--------|----------|----------|
| 1 | 北四环望和桥 | 0 | 1 | 高速公路 |
| 2 | G45 大广高速（京承高速）收费站 | 6.5 | 2 | 高速公路 |
| 3 | 赵全营出口 | 19.2 | 3 | 高速公路出口 |
| 4 | 出口右转，进入昌金路 | 0.2 | 4 | 郊区道路 |
| 5 | 沿昌金路行驶至山里辛庄路口，过小桥见金旺果园指示牌，右转 | 29 | 5 | 郊区道路 |
| 6 | 沿路行驶，即可到达终点 | 1.8 | 6 | 泥洼道路 |

代金券 惠
满 5 斤送 1 斤
（采摘价格 根据品种 5-15 元一斤）
住宿：9 折
娱乐：9 折
*2015 年 5 月至 11 月

微信扫一扫
获取电子优惠券

焦庄户地道战遗址纪念馆

奥林匹克水上公园

金旺农业生态园 终

北五环

望和桥 起

终极路书

098-099
金福艺农

108-109
禾瑞谷（怡水庄园

102-103
碧海圆

100-101
瑞正园农庄

104-105
第五季龙水凤港生态露营农场

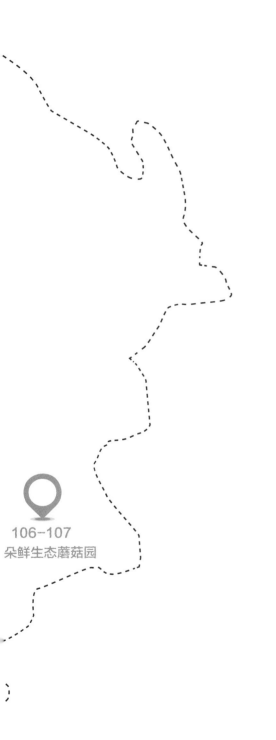

TONGZHOU DISTRICT

通州区

## 通州区 ▶ 金福艺农

北京市级 ★★★★★

北京金福艺农农业科技集团有限公司，主园区"番茄联合国"是农业部部级示范园，5 星全国休闲农业与乡村旅游单位，北京市中小学生社会大课堂资源单位。是集设施种植、观光采摘、科普教育、康体娱乐、餐饮住宿、农事体验和文化艺术等为一体的大型现代都市生态园。园区种植世界所有国家 160 多个特色番茄品种，21 种颜色，千奇百异。2011 年 5 月 26 日金福艺农在"番茄联合国"园区成功举办了北京市第一个以蔬菜命名的节日——番茄文化艺术节，目前已成功举办了四届番茄节。

### 推荐理由

园区四季有果，五彩番茄、西瓜、甜瓜、樱桃（季节性）、葡萄（季节性）、沙窝萝卜（季节性）、鲜枣（季节性）……中式五行文化蕴藏其中的生态餐厅被评为北京最有设计感的餐厅之一，鲜榨果汁味道浓郁纯正，多种会议厅类型可举办公司聚会活动。

## 采摘品种

五彩番茄、牛奶草莓、水果黄瓜、小西瓜、辣椒、甜瓜和叶菜等约 160 种有机名优特蔬菜瓜果。

特别推荐 1："番茄联合国"园区有上百种特色小番茄。

特别推荐 2："金福湿地鱼汇公园"以"鱼"文化为主题的渔业生态旅游休闲项目，将生态保护与鱼肴文化、婚庆宴会、休闲垂钓有机结合起来，最终体现人与自然和谐共处的境界。

特别推荐 3："金福艺农运河菜馆"有樱桃、苹果、梨和李子水果以及各类有机蔬菜。

特别推出：蔬菜配送、有机蔬果免邮送货上门，健康送到家！

吃在庄园：金福番茄菜馆和金福艺农生态餐厅。

美食推荐 1：金福番茄菜馆环境幽雅，建筑古朴大气，农家养生菜为特色菜。

美食推荐 2：金福艺农生态餐厅有不同等级的养生私房菜，透明厨房操作，绿色有机食物蔬菜现做，同时融入西式铁板烧。

## 顺路玩

**1. 运河广场**

位于通州区通胡大路通州运河公园内。全称运河文化广场，是纪念京杭大运河的地标性建筑。

门票：免。

联系电话：010-89523044。

推荐理由：全国有两个运河文化广场，一个是我们推荐的坐落在京杭大运河的北终点，另一个位于京杭大运河的南终点杭州市拱墅区。

**2. 欢乐谷**

国家 4A 级旅游景区、新北京十六景、北京文化创意产业基地，位于朝阳区东四环四方桥东南角。

门票：230 元 / 人。

开放时间：平日：9：00 ～ 22：00，周末：8：30 ～ 22：00，夜场：18：00 ～ 22：00。

推荐理由：目前，国内较为国际化、现代化的主题公园，有峡湾森林、亚特兰蒂斯、失落玛雅、爱琴港、香格里拉、蚂蚁王国和欢乐时光七个主题区。

住在庄园：标准间，380 元 / 天；生态标间，580 元 / 天（提供绿色早餐）

配套设施：别墅小院 5 套，每套内有卧室 4 间、客厅、书房、餐厅、厨房和庭院，内设有线电视、网络、棋牌、厨具和 24 小时热水等基础设施，适合家庭和朋友聚会等。

旅店设施：台球、乒乓球、壁球、网球、羽毛球、篮球、棋牌室、跳操房、健身房、游泳、空中漫步和卡拉 OK 厅。

其他游玩活动类型：匠人坊 - 艺术家工作室、Tomato 模型赛车场、调良宠物酒店。

## Day ① 游玩

8:00 四方桥出发
9:00 可到达金福艺农番茄联合国
9:00~11:30 在园区内游玩、拍照，观赏上百种小番茄，并办理入住
11:30~14:00 午餐在园区的生态餐厅
14:00~17:00 驱车可前往金福湿地鱼汇公园

17:00~18:00 驱车返回金福艺农番茄联合国
18:00~20:00 晚餐
20:00~22:00 自由活动

## Day ②

8:00~9:00 早餐
9:00~11:00 在金福艺农番茄联合国和运河菜馆采摘
11:00~13:00 午餐
13:00 返程或前往运河广场或欢乐谷游玩

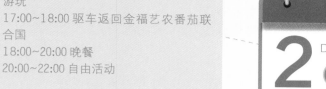

2 Day Route 日游
建议行程

### 四方桥→金福艺农　详细路书

总里程：16.4 公里

| 编号 | 起点 | 公里数 | 照片编号 | 道路状况 |
|------|------|--------|----------|----------|
| 1 | 东四环四方桥 | 0 | 1 | 城区道路 |
| 2 | G1 京哈高速，经白鹿收费站，继续沿 G1 行驶 | 7.5 | 2 | 高速公路 |
| 3 | 台湖出口 | 5.5 | 3 | 高速公路出口 |
| 4 | 出口连续左转进入铺外路 | 0.6 | 4 | 郊区道路 |
| 5 | 沿铺外路行驶，路口右转 | 2.1 | 5 | 郊区道路 |
| 6 | 沿路直行至道路尽头，左转 | 0.5 | 6 | 郊区道路 |
| 7 | 沿路直行，即可到达终点 | 0.2 | 7 | 郊区道路 |

### DATA

名称：北京金福艺农农业科技集团有限公司
星等级：市级 5 星
地址：北京市通州区台湖镇胡家垡村村委会东 100 米
邮编：101116
联系电话：010-61538111，010-61538555
传真：010-61538111
E-MAIL：jinfu_2008@sina.com
网址：www.jinfuyinong.com
停车场地：有 250～300 个停车位

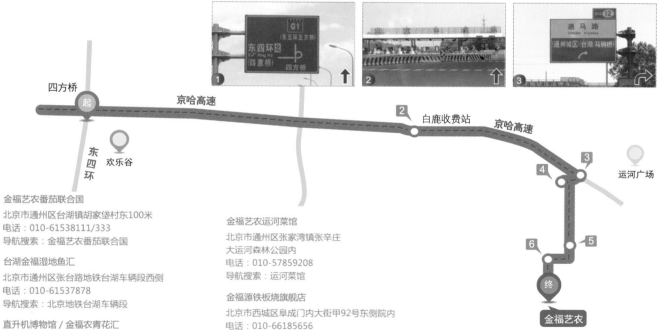

金福艺农番茄联合国
北京市通州区台湖镇胡家垡村东100米
电话：010-61538111/333
导航搜索：金福艺农番茄联合国

台湖金福湿地鱼汇
北京市通州区张台路地铁台湖车辆段西侧
电话：010-61537878
导航搜索：北京地铁台湖车辆段

直升机博物馆 / 金福农青花汇
北京市通州区台湖镇外郎营村

金福艺农运河菜馆
北京市通州区张家湾镇张辛庄
大运河森林公园内
电话：010-57859208
导航搜索：运河菜馆

金福源铁板烧旗舰店
北京市西城区阜成门内大街甲92号东侧院内
电话：010-66185656
导航搜索：金福源铁板烧

# 瑞正园农庄

**通州区**

**国 家 级**
**北京市级** ★★★★★

瑞正园农庄创立于 2008 年，占地 2100 亩，是较早布局进行规模化有机蔬菜、果品种植的农业科技企业，是一个集有机蔬菜和果品种植、无公害养殖、特菜加工配送、观光采摘、会务培训、开心体验农场、汽车露营地、科普教育、婚纱摄影基地以及餐饮、娱乐、住宿和休闲等产品与服务于一体的综合性现代化农业示范园区。目前，北京每天有数千家庭、企业、驻华使馆等单位收到预订自瑞正园农庄的新鲜有机果蔬和农产品。瑞正园农庄成功地举办了第八届中国草莓文化节，并获得全国草莓精品擂台赛金、银、铜奖共计 21 项，捧回国产自育品种最高奖长城杯。

## 推荐理由

这里是集采摘、卡拉 OK、拍婚纱照、办婚礼、看展览为一体的农庄，是京城内有名的亲子基地，园区很大，而且规划的很好，里面有一个儿童 DIY 的体验区，体验区外有充气城堡和滑梯等设备。园区内的采摘品种很丰富，值得一提的是圣女果的品种十分齐全。如果幸运地赶上草莓节的话，还可以吃到许多正宗的台湾小吃。

## 采摘品种

草莓、葡萄、火龙果

## 采摘周期

草莓 1 ~ 5 月；葡萄 7 ~ 10 月；火龙果 9 ~ 12 月。
特别推荐 1：草莓。
特别推荐 2：葡萄。

## 顺路玩

**1. 运河广场**

详细请见前文 P98。

**2. 番茄联合国**

详见"通州区——金福艺农"篇。（P98）

## Day ① 建议行程

8:00 四方桥出发
9:00 可到达瑞正园农庄
9:00~11:30 在园区内游玩、拍照，并办理入住

11:30~14:00 午餐在园区内
14:00~18:00 午休及自由活动
18:00~20:00 晚餐
20:00~22:00 自由活动

## Day ②

8:00~9:00 早餐
9:00~11:00 园内采摘
11:00~13:00 园内午餐
13:00 返程或前往运河广场

**2 Day Route 日游 建议行程**

---

# 四方桥→瑞正园农庄　详细路书

总里程：26.99 公里

| 编号 | 起点 | 公里数 | 照片编号 | 道路状况 |
|---|---|---|---|---|
| 1 | 东四环四方桥 | 0 | 1 | 城区道路 |
| 2 | G1 京哈高速至五方桥，右转进入东五环路，G2 方向 | 4.8 | 2 | 高速公路 |
| 3 | 沿五环路行驶至化工桥，右侧进入京津高速匝道，进入京津高速 | 1.6 | 3 | 高速公路 |
| 4 | 京津高速，经台湖收费站，继续沿京津高速行驶 | 6.2 | 4 | 高速公路 |
| 5 | 于家务出口 | 13 | 5 | 高速公路出口 |
| 6 | 路口左转，进入张采路，向张家湾方向 | 0.76 | 6 | 郊区道路 |
| 7 | 沿张采路行驶，即可到达终点 | 0.63 | 7 | 郊区道路 |

## DATA

名称：瑞正园农庄
地址：北京通州区张家湾镇小耕垡村西
邮编：101104
联系电话：4006056776，010-61573109
联系手机：13301332687
传真：010-61573109
网址：www.risingyard.com
停车场地：有 300 个停车位

代金券 持书消费 9 折 惠
*截止 2015 年 12 月 31 日

微信扫一扫
获取电子优惠券

四方桥 起
东四环
东五环 京哈高速
京津高速
番茄联合国
运河广场
东六环
瑞正园农庄 终

# 通州区 ▶ 碧海圆

国 家 级
北京市级 ★★★★★

碧海圆位于北京市通州区张家湾镇小北关村，占地面积 1060 余亩，其中 560 亩为种植园区，500 亩为林下基地；每年接待游客十余万人次。主营业务为无公害有机蔬菜的种植，会议培训（可供 1000 余人同时就餐），环境优雅，多规格客房满足客人的不同需求。

## 推荐理由

这里小桥流水，到处是鸟语花香！餐厅的环境超级棒，菜也做的不错。顺便再到运河广场转转，很享受。

## 采摘品种

蘑菇、黄瓜、各色小西红柿、小西瓜、红掌切花、玫瑰花、葡萄和火龙果等。

特别推荐 1：红掌鲜切花。
特别推荐 2：小西瓜和火龙果。

吃在庄园：北京碧海圆生态农业观光有限公司餐饮分公司。

美食推荐 1：糊饼、菜团子。
美食推荐 2：佛跳墙、真菌松茸汤。

住在庄园：标间 220 元；三人间 248 元。

配套设施：液晶电视、独立浴室和空调。
旅店设施：户外健身器材、室外羽毛球室，大、中、小型会议室和接待室。

## 顺路玩

**1. 运河广场**
　　详细请见前文 P98。

**2. 番茄联合国**
　　详见"通州区——金福艺农"篇。（P98）

## Day ① Day Route 2 日游 建议行程

**Day ①**

8:00 四方桥出发
9:00 可到达碧海圆
9:00~11:30 在园区内游玩、拍照，并办理入住

11:30~14:00 午餐在园区内
14:00~18:00 午休及自由活动
18:00~20:00 晚餐
20:00~22:00 自由活动

**Day ②**

8:00~9:00 早餐
9:00~11:00 园内采摘
11:00~13:00 园内午餐
13:00 返程或前往运河广场或金福艺农番茄联合国

## 四方桥→碧海圆　详细路书

总里程：34.2 公里

| 编号 | 起点 | 公里数 | 照片编号 | 道路状况 |
|---|---|---|---|---|
| 1 | 东四环四方桥 | 0 | 1 | 城区道路 |
| 2 | G1 京哈高速至五方桥，右转进入东五环路，G2 京沪高速方向 | 4.8 | 2 | 高速公路 |
| 3 | 沿五环路行驶至化工桥，右侧进入 S15 京津高速匝道，进入 S15 京津高速 | 1.6 | 3 | 高速公路 |
| 4 | S15 京津高速，经台湖收费站，继续沿 S15 京津高速行驶 | 6.2 | 4 | 高速公路 |
| 5 | 于家务出口 | 13 | 5 | 高速公路出口 |
| 6 | 路口左转，进入张采路，向张家湾方向 | 0.76 | 6 | 郊区道路 |
| 7 | 沿张采路行驶，右转进入干渠路 | 5.8 | 7 | 郊区道路 |
| 8 | 沿干渠路行驶，即可到达终点 | 2.0 | 8 | 村级道路 |

### DATA

名称：北京碧海圆生态农业观光有限公司
简称：碧海圆
星等级：无
地址：北京市通州区张家湾镇小北关村
　　　村委会北 1500 米
联系电话：010−59016997
联系手机：13520908632
传真：010−59016999
E−MAIL：Bihaiyuan123456@163.com
停车场地：有 200 个停车位

终极路书

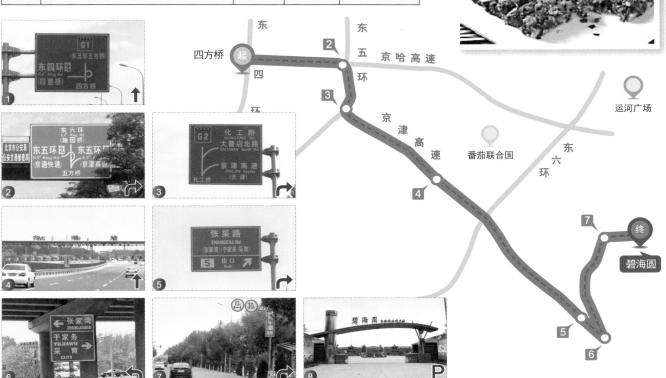

# 通州区 ▶ 第五季龙水凤港生态露营农场　国家级 ★★★★★

　　第五季龙水凤港生态农场（简称第五季或台湾园）占地 1100 亩，集四季观光采摘、休闲娱乐、餐饮住宿、婚庆婚宴、科普教育、农事拓展、生态养老于一体，是北方最大最全的热带水果种植园，融合浓郁的台湾文化元素，让市民不出北京就能领略热带雨林环境，采摘真正的树熟水果。在四季之后又延长了一个季节，成为冬天里不可多得的好去处。千亩农庄，田园野趣，鸟语花香，亭台楼榭，湖光山色，垂钓烧烤，现实版的世外桃源。

## 👍 推荐理由

　　这里是一个适合一家老小游玩、放松的农场。在百亩南方植物温室大棚里和香蕉树、木瓜树亲密接触，在音乐喷泉边嬉戏，喂喂猕猴、孔雀和花鸡，或在绿色大棚内或在烧烤区就餐，晚上还能睡房车。

## 采摘品种

　　香蕉、木瓜（全年），其他热带水果和北方大陆蔬菜水果。
特别推荐 1：帝王蕉、台湾红柠檬、马水橘、红色粉色莲雾。
特别推荐 2：桑葚、白杏、油桃、李子、山楂、柿子等应季水果。
特别推荐 3：应季蔬菜、毛豆、玉米等有机农产品。

## 采摘周期

　　百亩 21 种热带水果采摘，不分季节，一年四节均可。

住在庄园：标间 /240 元，三人间 /290 元。

配套设施：液晶电视、独立浴室和免费宽频上网。

旅店设施：游泳池、户外网球场、商务中心、会议室。

## 顺路玩

**1. 运河广场**
　　详细请见前文 P98。

**2. 番茄联合国**
　　详见"通州区——金福艺农"篇。（P98）

吃在庄园：香蕉缘婚庆广场 55 元 / 人；水岸丛林自助烧烤 78/ 人（团购）。

美食推荐 1：五季红烧水果鱼。采用第五季垂钓湖中捕捞的不喂饲料吃水果长大的纯生态野生鱼加工而成，不含激素与药物残留，肉质细腻，味道极其鲜美。

美食推荐 2：清炖北京油鸡。采用第五季山上果林下散养、吃虫和落果野草、不喂饲料长大的北京油鸡为原料，纯粹绿色食品，生长期长，肉质细嫩，营养丰富。

美食推荐 3：水岸丛林自助烧烤。在水岸的丛林中畅吃畅喝，享受自助烧烤的乐趣，酒水免费。可预约烤全羊（自养纯生态羊）。

## Day ①

8:00 从四方桥出发
8:30 到达第五季龙水凤港生态露营农场
8:30~11:30 办理入住，游逛温室，观赏热带水果
11:30~13:30 在农场内午餐，享受台湾风情

13:30~17:30 游逛园区，享受自然风情和拍照
17:30~20:00 在园区内晚餐，自助烧烤
20:00~22:00 自由活动

**2** Day Route 日游 建议行程

## Day ②

8:00~9:00 早餐
9:00~10:00 采摘热带水果、退房
10:00 可返程，或前往运河广场或金福艺农番茄联合国游玩

## 四方桥→第五季龙水凤港生态露营农场　详细路书

总里程：28.49 公里

| 编号 | 起点 | 公里数 | 照片编号 | 道路状况 |
|---|---|---|---|---|
| 1 | 东四环四方桥 | 0 | 1 | 城区道路 |
| 2 | G1 京哈高速至五方桥，右转进入东五环路，G2 京沪高速方向 | 4.8 | 2 | 高速公路 |
| 3 | 沿五环路行驶至化工桥，右侧进入 S15 京津高速匝道，进入 S15 京津高速 | 1.6 | 3 | 高速公路 |
| 4 | S15 京津高速，经台湖收费站，继续沿 S15 京津高速行驶 | 6.2 | 4 | 高速公路 |
| 5 | 于家务出口 | 13 | 5 | 高速公路出口 |
| 6 | 路口右转，进入张采路，向于家务/采育方向 | 0.76 | 6 | 郊区道路 |
| 7 | 右转后，左前方可见第五季龙水凤港生态露营农场指示路牌，左转 | 0.19 | 7 | 郊区道路 |
| 8 | 沿路直行，见指示牌右转 | 0.14 | 8 | 村级道路 |
| 9 | 沿路行驶，路左侧即可到达终点 | 1.8 | 9 | 村级道路 |

### DATA

地址：北京市通州区于家务乡大耕垡村东
邮编：101105
联系电话：010-80525299，010-80596642
联系手机：13901217194
E-MAIL：diwuji888@126.com
网址：www.bjdiwuji.com.cn
银联卡：农行、建行、工行、兴业等各大行
信用卡：农行、建行、工行、兴业等各大行
停车场地：有 500 个停车位

第五季龙水凤港生态露营农场

2015 年 北京四季采摘休闲攻略——100 条自驾游

终
极
略
书

105
Page

# 通州区 朵朵鲜生态蘑菇园

北京市级 ★★★★

朵朵鲜生态蘑菇园占地面积 1000 余亩，是一个集食用菌工厂化种植、食用菌文化普及、观光采摘、休闲美食体验及产品深加工为一体的体验式的高科技食用菌生态产业园。

## 推荐理由

这里每年举办"北京蘑菇文化节暨朵朵鲜美食嘉年华"——以蘑菇为基础的美食沙龙，特别的蘑菇文化之旅。嘉年华现场有令小朋友尖叫的类似于蘑菇城堡的人文景观。朵朵鲜蘑菇园俨然是一个富有人文色彩的生态园。

## 采摘品种

杏鲍菇、平菇、香菇、鸡腿菇和猴头菇等。

## 采摘周期

杏鲍菇一年四季都可采摘。

特别推荐 1：杏鲍菇、平菇和榆黄菇。

## 顺路玩

**1. 运河广场**

详细请见前文 P98。

**2. 番茄联合国**

详见"通州区——金福艺农"。（P98）

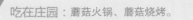
吃在庄园：蘑菇火锅、蘑菇烧烤。

## Day ①

8:00 四方桥出发
9:00 可到达朵朵鲜生态蘑菇园
9:00~11:30 在园区内游玩、拍照
11:30~13:30 午餐在园区内
13:30~15:00 采摘
15:00 返程或前往运河广场或金福艺农番茄联合国

## 四方桥→朵朵鲜生态蘑菇园　详细路书

总里程：43.4 公里

| 编号 | 起点 | 公里数 | 照片编号 | 道路状况 |
|---|---|---|---|---|
| 1 | 东四环四方桥 | 0 | 1 | 城区道路 |
| 2 | G1 京哈高速至五方桥，右转进入东五环路，G2 京沪高速方向 | 4.8 | 2 | 高速公路 |
| 3 | 沿五环路行驶至化工桥，右侧进入 S15 京津高速匝道，进入 S15 京津高速 | 1.6 | 3 | 高速公路 |
| 4 | S15 京津高速，经台湖收费站，继续沿 S15 京津高速行驶 | 6.2 | 4 | 高速公路 |
| 5 | 德仁务出口 | 22.3 | 5 | 高速公路出口 |
| 6 | 左转，进入漷小路 | 0.2 | 6 | 郊区道路 |
| 7 | 沿漷小路行驶，路口右转 | 3.7 | 7 | 村级道路 |
| 8 | 沿路行驶至道路尽头，左转，进入孔兴路 | 3.3 | 8 | 郊区道路 |
| 9 | 沿孔兴路行驶，见 T 型路牌，右转 | 1.0 | 9 | 郊区道路 |
| 10 | 沿路直行，即可到达终点 | 0.3 | 10 | 郊区道路 |

### DATA

地址：北京市通州区永乐店镇朵朵鲜生态蘑菇园
邮编：101105
联系电话：010-69564355
联系手机：13581627280
传真：010-69564355
E-MAIL：13581627280@126.com
网址：www.bjlyyl.net
银联卡：可用
停车场地：有 270 个停车位

# 通州区 禾瑞谷（怡水庄园）

北京市级 ★★★

北京禾瑞谷农业科技发展有限公司尊崇自然农耕概念，致力销售原生态食品，专业服务高品位消费阶层，为成功人士、知识阶层、社会名流、乐活一族等注重健康和品位的高素质群体，提供全新概念的产品及农业休闲观光服务。其下属的怡水庄园毗邻京杭大运河，园区绿自天成，如诗如画，将度假、休闲、娱乐、旅游观光、欣赏动植物融为一体，其乐无穷。

公司在京郊的通州、密云、怀柔等多地区布局建立产品基地，立足得天独厚的自然生态优势，依托原生态种植、养殖环境和先进的种植、养殖技术，致力于健康食品的种植、养殖、加工。主要有柴鸡蛋、杂粮、水果、蔬菜、粮油、特产等系列农副产品。

同时开展原生态旅游产业，为客户提供会议、垂钓、采摘、餐饮、儿童嬉戏等休闲娱乐活动。

 ## 推荐理由

怡水庄园位于通州区西集镇朗西村堤外，阳光会议中心南侧。园内可垂钓，有农家饭，还能进行蔬菜和樱桃、桃、李子、布朗、苹果采摘。开心农场散养鸡鸭鹅，可购买柴鸡蛋。怡水庄园也是进行拓展和中小学校外大课堂的好去处。

## 采摘品种

樱桃、李子、杏、布朗、花生和红薯。

## 采摘周期

5月下旬~10月下旬。

吃在庄园：有特色餐厅。

美食推荐1：瓠豆腐。
美食推荐2：汆丸子。

## 顺路玩

**1. 运河广场**

详细请见前文 P98。

**2. 番茄联合国**

详见"通州区——金福艺农"篇。（P98）

## Day ①

8:00 四方桥出发
9:00 可到达禾瑞谷（怡水庄园）
9:00~11:30 在园区内游玩、拍照
11:30~13:30 午餐在园区内特色餐厅
13:30~15:00 采摘
15:00 返程或前往运河广场或金福艺农番茄联合国游玩

## 四方桥→禾瑞谷（怡水庄园） 详细路书

总里程：30.5 公里

| 编号 | 起点 | 公里数 | 照片编号 | 道路状况 |
|---|---|---|---|---|
| 1 | 东四环四方桥 | 0 | 1 | 城区道路 |
| 2 | G1 京哈高速，经白鹿收费站，继续沿 G1 行驶 | 7.5 | 2 | 城区道路 + 高速公路 |
| 3 | 潞县出口 | 18.8 | 3 | 郊区道路 |
| 4 | 直接进入通香路至儒林桥，右转 | 1.2 | 4 | 郊区道路 |
| 5 | 沿路行驶，即可到达终点 | 3.0 | 5 | 郊区道路 |

### ▌DATA

地址：北京市通州区西集镇朗西村堤外
邮编：101100
联系电话：13911243096
E-MAIL：408800496@qq.com
停车场地：有停车场

代金券
¥30元（樱桃）
餐饮：9.5 折
* 采摘截止：2015 年 5 月 29 日至 6 月 30 日
* 餐娱截止：2015 年 6 月 1 日至 9 月 30 日

微信扫一扫
获取电子优惠券

120-121
蓝波绿农蘑菇园（上庄蘑菇园）

122-123
凤凰岭樱桃生态示范园

112-113
御稻苑（稻香小镇）

114-115
尚庄度假村

124-125
杨家庄采摘园

116-117
四季青果林所御林农耕文化园

118-11
海舟慧霖葡

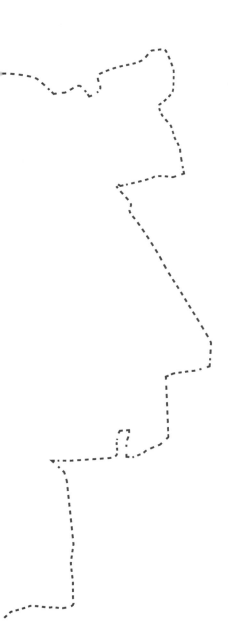

# HAIDIAN DISTRICT

海淀区

# 海淀区　御稻苑（稻香小镇）　北京市级 ★★★★★

御稻苑位于海淀区上庄镇西马坊村，与翠湖湿地公园和上庄水库毗邻，东西相依上庄路和稻香湖路，南北对接北清路和沙阳路。园区占地面积 1600 亩，其中有稻田 500 亩，周边环绕生态林地 1100 亩，园内绿树成荫，稻香袭人，清一色的乡间小木屋别致新颖，与宁静、清新、独特的田园风景遥相呼应，形成以田园风光为特色，以地道生态食材为核心，集农业科普体验，农庄休闲娱乐于一体的原生态农庄。可同时容纳约 100 人就餐，10 人住宿。

## 推荐理由

千亩林海，百亩稻田构成"春季嫩黄油菜花，夏季碧绿稻田海，秋季金色稻浪谷，冬季洁白冰雪场"四季如歌的田园画卷。绿树成荫，稻香袭人，纯朴宁静的小镇，成为您躲开城市喧嚣，听蛙鸣，闻稻香，赏美景，品御稻、赴京西稻文化盛宴的理想去处。

## 采摘品种

认养稻田，体验收割，品尝御稻。

特别推荐 1：京西稻。是海淀区独有的地域品种，其突出特点是，稻米品质极佳，特点是籽粒饱满圆润，有光泽，晶莹透明，蛋白质含量高，富于油性。

特别推荐 2：自制酸奶。用农庄自然散养，食青草、伴谷物、喝泉水的原生态奶牛的纯奶发酵而成，不添加任何防腐剂和增稠剂，保留鲜牛奶全部营养，形成独特自然的风味，成为农庄热销品。

## 顺路玩

### 1. 狂飙乐园

位于北京市海淀区苏家坨风景旅游区。

联系电话：010-62455588。

推荐理由：是北京市海淀区乃至全国唯一一家集商务会议体育休闲娱乐健身为一体的综合性生态环保园，能够承接并已承办多项大型体育赛事及培训和观光游览。

### 2. 凤凰岭自然风景区

位于北京市海淀区苏家坨镇凤凰岭自然风景区路 19 号。

门票：25 元/人。

开放时间：夏秋 6：00 ～ 18：00，冬春 6：30 ～ 17：30。

推荐理由：AAA 级景区。景区有众多佛教、道教、儒教等宗教文化以和古老的东方养生文化的遗址、遗物、遗迹。景区的良好的生态环境，使之有"京城绿肺"之称。

住在庄园：乡间别墅。

配套设施：独立浴室、自动麻将机和免费宽频上网。

旅店设施：稻田钓蟹。

## Day ①

8:00 万泉河桥出发
9:00 可到达御稻苑（稻香小镇）狂飙乐园或凤凰岭自然风景区
9:00~11:30 在景区内游玩
11:30~12:00 驱车前往御稻苑（稻香小镇）
12:00~14:00 在御稻苑（稻香小镇）午餐并办理入住
14:00~18:00 在园区内游玩、漫步、拍照
18:00~20:00 园区内晚餐
20:00~22:00 自由活动

## Day ②

8:00~9:00 早餐
9:00~11:00 园区内采摘
11:00~13:00 园区内午餐退房
13:00 返程

## 万泉河桥→御稻苑（稻香小镇） 详细路书

总里程：16.2公里

| 编号 | 起点 | 公里数 | 照片编号 | 道路状况 |
|---|---|---|---|---|
| 1 | 北四环万泉河桥（万泉河） | 0 | 1 | 快速道路 |
| 2 | 沿万泉灌快速路接圆明园西路行驶到农大北口直行进入永丰路 | 5.4 | 2 | 快速道路 |
| 3 | 沿永丰快速路直行至北清路左转进入北清路 | 3.6 | 3 | 快速道路 |
| 4 | 沿北清路西行，右转进入上庄路 | 2.3 | 4 | 快速道路 |
| 5 | 沿上庄路北行，左转进入西马坊路 | 2.7 | 5 | 郊区道路 |
| 6 | 沿西马坊路西行，见御稻苑标左转入田间路 | 1.1 | 6 | 村级道路 |
| 7 | 田间路南行，第三路口见御稻苑标右转，直行可见御稻苑的大门 | 1.1 | 7 | 村级道路 |

### DATA

坐标值：N40°11'1"
　　　　E116°11'40"
地址：北京市海淀区上庄镇西马坊村
邮编：100094
联系电话：010-56075006
联系手机：18911121819
E-MAIL：ddny2014ydy@163.com
银联卡：可用
信用卡：可用 VISA，MASTER，JCB 和 AE 卡

终极路书

# 海淀区 〉 尚庄度假村

北京市级 ★★★★

尚庄度假村坐落于有"京西水乡"美誉的海淀区上庄，背靠风光旖旎的翠湖（上庄水库）之滨，遥望西山，周围自然环境秀美怡人，交通便捷。绿化率大于90%，负氧离子含量达到20000个/立方厘米。有"天然氧吧"之美称。是一个集住宿、餐饮、垂钓、娱乐、采摘、休闲、种植、观光和农业科普教育为一体的综合型乡村旅游基地。

## 推荐理由

地方很大，接待处外围着杨树，却温馨得让人有普吉岛的感觉。旁边一片的蒙古包，真是风情小镇的味道。接待处门口可以租双人自行车，骑着自行车转园区、去采摘，小喷泉、小水池、水上乐园、烧烤区、射箭、射击……应有尽有。垂钓园四周有自助烧烤，肉串、鱼豆腐随便吃，很合算。

## 采摘品种

草莓、蓝莓、小西瓜、黄瓜、西红柿、樱桃、杏和葡萄。

## 采摘周期

草莓成熟季节：12月～次年3月
葡萄成熟季节：7月～10月
樱桃成熟季节：5月～6月
蜜桃成熟季节：6月～7月
西瓜成熟季节：5月～8月
蔬菜成熟季节：全年
李子成熟季节：8月～9月
平菇采摘：11月～12月

特别推荐1：天皇御用、章姬、红颜和甜查理等品种的草莓。

特别推荐2：小西瓜。尚庄度假村的小西瓜是从北京市农科院和北京市农技推广站引进纤小秀丽的小西瓜种子，有马可波罗、超越梦想、黄小玉和京阑等品种。

## 顺路玩

**1. 狂飙乐园**

详细请参见前文 P112。

**2. 稻香小镇**

位于北京市海淀区上庄镇西马坊村。

开放时间：8:00～22:00。联系电话：4001886868。

推荐理由：有林间小木屋可住宿，可就餐，还能游动物园，了解京西稻文化。

**吃在庄园**：尚庄会展中心可容纳700多人就餐，并可承接生日宴会、寿宴、婚宴等多种商务宴会。湖畔餐厅桌餐，400元～800元/桌。沙滩自助烧烤68元/位。

美食推荐：正宗京味菜和农家风味小吃。

**住在庄园**：标间380元；蒙古包480元。

配套设施：液晶电视，独立浴室，免费宽频上网。
旅店设施：有会议室，棋牌室，球类活动室和水、陆拓展训练场，可举办会议、礼仪、庆典、演艺等活动。

## Day  ①

8:00 万泉河桥出发
9:00 可到达御稻苑（稻香小镇）或狂飙乐园
9:00~11:30 在景区内游玩
11:30~12:00 驱车前往尚庄度假村
12:00~14:00 在尚庄度假村午餐并办理入住

14:00~18:00 在度假村内游玩、漫步、拍照
18:00~20:00 度假村内晚餐
20:00~22:00 自由活动

## Day ②

8:00~9:00 早餐
9:00~11:00 度假村内采摘
11:00~13:00 度假村内午餐、退房
13:00 返程

## 万泉河桥→尚庄度假村　详细路书

总里程：21.35 公里

| 编号 | 起点 | 公里数 | 照片编号 | 道路状况 |
|---|---|---|---|---|
| 1 | 北四环万泉河桥（万泉河快速路） | 0 | 1 | 快速道路 |
| 2 | 沿万泉河快速路接圆明园西路行驶至农大北口，左转进入马连洼北路 | 5.4 | 2 | 快速道路 |
| 3 | 沿马连洼北路行驶至黑山扈桥，右转进入黑山扈路，黑山扈路、永丰桥方向 | 0.65 | 3 | 郊区道路 |
| 4 | 沿黑山扈路接黑龙潭路行驶至冷泉桥，右转进入上庄路 | 6.3 | 4 | 郊区道路 |
| 5 | 沿上庄路行驶至分岔路，靠左直行继续沿上庄路行驶 | 6.0 | 5 | 郊区道路 |
| 6 | 继续沿上庄路行驶，过河向右转急弯，进入南沙河东路 | 1.0 | 6 | 郊区道路 |
| 7 | 沿南沙河东路行驶，即可到达终点 | 2.0 | 7 | 村级道路 |

### DATA

名称：北京尚庄度假村有限公司
简称：尚庄度假村
星等级：休闲农业星级园区 四星
地址：海淀区上庄镇上庄水库李家坟村
　　　上庄水库下游北岸东行 3000 米
邮编：100094
联系电话：010-57127792
联系手机：15321596792
传真：010-82460956
E-MAIL：Zly529@126.com
网址：www.shangzhuangdjc.com
银联卡：可用
信用卡：国内货币信用卡
停车场地：有 130 个车位

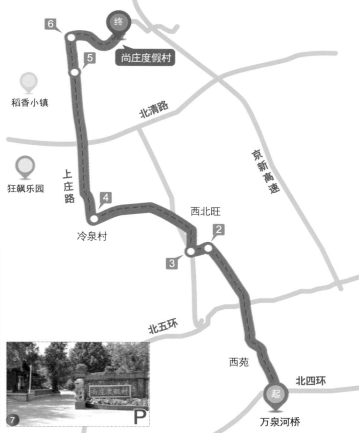

# 海淀区 四季青果林所御林农耕文化园 北京市级 ★★★★

御林农耕文化园坐落于北京西郊香山、植物园、玉泉山风景区之间，是集果树新品种引进研育开发、良种苗木繁育、栽培新技术推广、产品苗木营销服务及旅游、观光、采摘于一体的标准化有机生态农业旅游观光采摘园，占地面积467亩，可同时容纳200人就餐，园区种植樱桃、杏、海棠、苹果、京西御稻等，是北京种植樱桃最早、樱桃品种最多、离市区最近的有机生态休闲采摘观光园。

## 推荐理由

四季青果林所是距离北京市区最近的采摘园，位于香山脚下，园区呈现园林式建筑，园内有山有水，环境很好。除了品种众多的的樱桃外，还有杏、油桃、海棠、枣等。带着采摘的水果去植物园或香山玩儿，很惬意。

## 采摘品种

樱桃。

## 采摘周期

5月中旬～6月底。

特别推荐1：每年5月中旬～6月下旬举办樱桃文化采摘节。迄今为止已经举办了20届了。园内建有欧式德国啤酒屋，可现场酿制啤酒享用；有四季青农耕文化展，可供后来人了解四季青发展的过程和辉煌的历史；有架式栽培基地，种植可供游人观赏、品尝的水果，可尽情享受绿谷之美、自然之乐。

## 顺路玩

### 1. 北京植物园

位于海淀区香山公园和玉泉山（西山卧佛寺附近）间。

推荐理由：我国北方最大的植物园，每年3月举办北京桃花节。有卧佛寺、樱桃沟、曹雪芹纪念馆、梁启超墓和隆教寺遗址等名胜古迹。

### 2. 北京香山公园

位于海淀区卧佛寺、北京植物园的西侧

推荐理由：香山除了赏枫之外，它还是一座历史悠久、文化底蕴丰富的皇家园林。这里有燕京旧八景之一"西山晴雪"。

## Day ①

8:00 四海桥出发
8:30 可到达北京植物园或北京香山公园
8:30~11:30 在景区内游玩
11:30~12:30 在景区内或附近午餐
12:30~13:30 出景区
13:30~14:00 驱车前往四季青果林所御林农耕文化园
14:00~16:00 园区内游玩、拍照、采摘
16:00 返程

**1** Day Route 日游 建|议|行|程

## 四海桥→四季青果林所御林农耕文化园　详细路书

总里程：4.6公里

| 编号 | 起点 | 公里数 | 照片编号 | 道路状况 |
|---|---|---|---|---|
| 1 | 西北四环四海桥 | 0 | 1 | 快速道路 |
| 2 | 沿北坞村路行驶至闵庄路东口，向左转进入闵庄路 | 1.4 | 2 | 快速道路 |
| 3 | 沿闵庄路行驶至南旱河，右转进入旱河路 | 2.0 | 3 | 郊区道路 |
| 4 | 沿旱河路行驶至万安东路西口，右转进入万安东路 | 0.9 | 4 | 郊区道路 |
| 5 | 沿万安东路行驶，即可到达终点 | 0.3 | 5 | 郊区道路 |

### DATA

名称：御林农耕文化园
地址：北京市海淀区闵庄路68号
邮编：100195
联系电话：010-62858165
联系手机：13910761275
传真：010-62858875
E-MAIL：guols@263.net
停车场地：有20个停车位

终
极
路
书

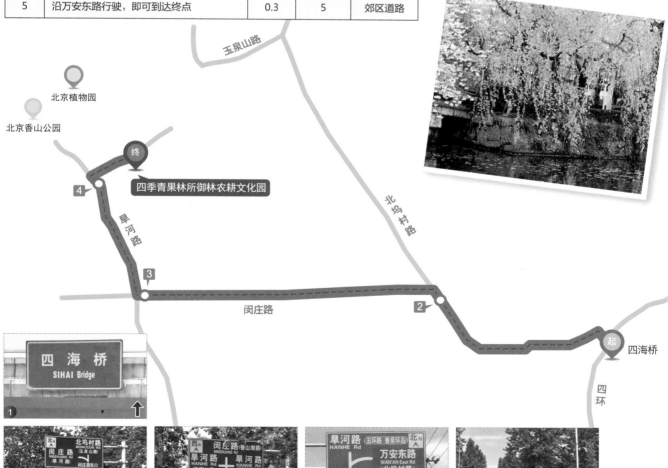

玉泉山路

北京植物园

北京香山公园

终

四季青果林所御林农耕文化园

旱河路

北坞村路

4

3

2

闵庄路

起 四海桥

四环

四海桥
SIHAI Bridge

1

## 海淀区 | 海舟慧霖葡萄园 | 北京市级 ★★★★

海舟慧霖葡萄园建立于 2010 年 4 月，位于四季青镇的最南端，旱河路南口路东，东临西四环、南邻阜石路、西邻西五环，是典型的城乡结合地区，素有"四季青南大门"之称。园区按照功能划分为：葡萄采摘区、果蔬采摘区、生态观光区、林下经济区、林地养殖区、土地认养区、草坪休闲区、餐饮区、办公区、冷库储藏区、红酒品尝教室和慧霖文苑等 12 个区域。葡萄园除了主打果品葡萄外，园区内还种植了火龙果、草莓、西瓜、西红柿、黄瓜等各种蔬菜瓜果，真正实现了"月月可采摘，日日可休闲"的目标。

### 推荐理由

葡萄周边都种着玫瑰花或月季花，有了玫瑰花或月季花作伴，葡萄质量更好，香味更浓。玫瑰或月季的旁边则种着麦冬，用麦冬替代草皮既可节约用水，又可收获药材。大棚里采摘的葡萄比市场上卖的甜，无公害，不必水洗，可以直接入口。

### 采摘品种

葡萄、樱桃、杏、桃、西瓜和蔬菜。

### 采摘周期

葡萄 6 月～11 月；蔬菜全年；樱桃、杏、桃 5 月；西瓜 5 月～9 月。
特别推荐 1：葡萄。
特别推荐 2：蔬菜。

### 顺路玩

**1. 北京植物园**
详细请见前文 P116。

**2. 北京香山公园**
详细请见前文 P116。

## Day ①

8:00 定慧桥出发
8:30 可到达北京植物园或北京香山公园
8:30~11:30 在景区内游玩
11:30~12:30 在景区内或附近午餐
12:30~13:30 出景区
13:30~14:00 驱车前往海舟慧霖葡萄园
14:00~16:00 园区内游玩、拍照、采摘
16:00 返程

**1** Day Route

日 游

建|议|行|程

---

## 定慧桥→海舟慧霖葡萄园　详细路书

总里程：3.36 公里

| 编号 | 起点 | 公里数 | 照片编号 | 道路状况 |
|---|---|---|---|---|
| 1 | 西四环定慧桥（阜石高架路） | 0 | 1 | 快速道路 |
| 2 | 沿阜石路离开主路，进入辅路，向永定路、玉泉路、旱河路方向 | 0.66 | 2 | 快速道路 |
| 3 | 沿阜石路辅路行驶至阜玉路口，右转进入玉泉路，玉泉路、田村路方向 | 1.3 | 3 | 郊区道路 |
| 4 | 沿玉泉路行驶至过红绿灯路口，进入辅路 | 0.5 | 4 | 郊区道路 |
| 5 | 沿玉泉路辅路行驶不过河，右后方转弯 | 0.56 | 5 | 郊区道路 |
| 6 | 沿路直行，即可到达终点 | 0.34 | 6 | 村级道路 |

### DATA

名称：海舟慧霖葡萄园
邮编：100049
联系手机：18810210184
E-MAIL：Hzhlpty@126.com

地址：北京市海淀区四季青镇田村旱河路南口路东
联系电话：010-68188300
传真：010-68188198
停车场地：有 100 个停车位

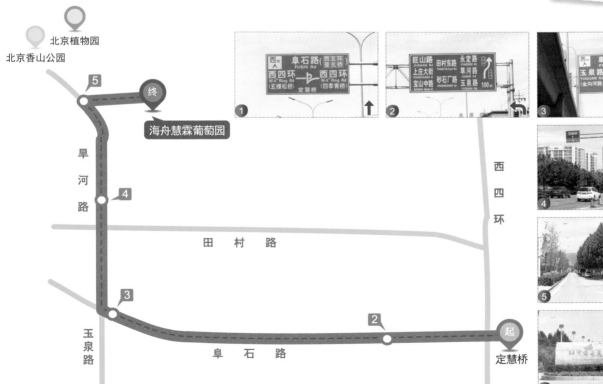

终
极
路
书

## 海淀区 ▸ 蓝波绿农蘑菇园（上庄蘑菇园）北京市级 ★★★

　　蓝波绿农蘑菇园（上庄蘑菇园）位于海淀区上庄镇东小营村，园区南邻上庄水库、翠湖湿地，西邻凤凰岭、阳台山、鹫峰，地处海淀区西部旅游走廊的北端，地理位置优越，交通便利。园区以经营食用菌和特菜为主，是集种植、储运、销售、餐饮、采摘、旅游为一体的蘑菇主题休闲度假园区。特色经营品牌上庄蘑菇宴主要经营菌菜，菜品独特。

## 推荐理由

　　园内种植和经营的鲜菌达几十种，园内的美食苑聘请全国菌菜烹饪比赛金牌厨师主理，采用鲜菌直接烹饪，各菜品"一特、二鲜、三营养"。同时辅以家常菜、川、湘、粤、大柴锅系列。园内还可烧烤，并建有垂钓池、摸鱼池，可以把钓上来的鱼交给大师傅现场加工，品美食的同时体验收获的喜悦。

## 采摘品种

　　食用菌、蔬菜和草莓。
特别推荐1：食用菌。
特别推荐2：草莓。

**住在庄园**：大标间228元，小标间150元。

配套设施：电视、独立卫生间＋浴室。
旅店设施：休闲草坪、鱼池。

**吃在庄园**：蘑菇宴、家常菜、自助烧烤，约70元/人。

美食推荐1：孔雀鲍鱼扒松茸。　　　美食推荐2：蟹味花枝。
美食推荐3：自助烧烤。

## 顺路玩

### 1. 翠湖国家城市湿地公园

　　位于北京市海淀区上庄镇。提前3天网上预约，审核通过后使用"入园凭证号"及有效证件在预约日当天游园。

开放时间：4月～10月周一、三，9：00～16：00。
联系电话：010-62486799。
推荐理由：国务院批准的第二批国家级城市湿地公园。

### 2. 凤凰岭自然风景区

　　位于北京市海淀区苏家坨镇凤凰岭自然风景区路19号。

门票：25元/人。
开放时间：夏秋6：00～18：00，冬春6：30～17：30。
推荐理由：AAAA级景区。景区有众多佛教、道教、儒教等宗教文化以和古老的东方养生文化的遗址、遗物、遗迹。景区的良好的生态环境，使之有"京城绿肺"之称。

## Day ①

8:00 健翔桥出发
9:00 可到达翠湖国家城市湿地公园或凤凰岭自然风景区
8:30~11:30 在景区内游玩
11:30~12:30 在景区内或附近午餐
12:30~13:30 出景区
13:30~14:00 驱车前往蓝波绿农蘑菇园

（上庄蘑菇园）
14:00~16:00 园区内游玩、拍照，办理入住
16:00~18:00 自由活动
18:00~20:00 在园区内晚餐，品尝独特的蘑菇宴
20:00~22:00 自由活动

## Day ②

8:00~9:00 早餐
9:00~11:00 采摘
11:00~13:00 午餐、退房
13:00 返程

# 健翔桥→蓝波绿农蘑菇园（上庄蘑菇园） 详细路书

总里程：24.36 公里

| 编号 | 起点 | 公里数 | 照片编号 | 道路状况 |
|---|---|---|---|---|
| 1 | 北四环健翔桥 | 0 | 1 | 高速公路 |
| 2 | G6 京藏高速 | 3.3 | 2 | 高速公路 |
| 3 | 沙河出口 | 13 | 3 | 高速公路出口 |
| 4 | 沿原 G110 辅线行驶 1.5 公里，左前方转弯进入沙阳路 | 1.86 | 4 | 拥堵路段 |
| 5 | 沿沙阳路行驶 | 6.1 | 5 | 郊区道路 |
| 6 | 调头进入辅路，继续沿沙阳路，到达终点 | 0.1 | 6 | 郊区道路 |

## DATA

地址：北京市海淀区上庄镇东小营 281 号（上庄蘑菇园）
邮编：100094
联系电话：010-62475030/62477260
联系手机：13070118713
E-MAIL：38130123@qq.com
网址：http://www.mushroomfarm.cn
停车场地：有 200 个停车位

代金券
蘑菇宴 8.8 折
* 截止 2015 年 12 月 31 日

微信扫一扫
获取电子优惠券

# 海淀区　凤凰岭樱桃生态示范园　北京市级 ★★★

凤凰岭樱桃生态示范园位于海淀区苏家坨镇西山农场实创培训中心东果园内。占地面积 120 余亩，主栽果树树种为樱桃，有部分梨和苹果。公司以这 120 亩果园作为培训和示范基地，取得了北京市乡村旅游特色业态采摘篱园、北京市休闲农业星园区三星，主栽品种樱桃取得了无公害农产品认证，还开办了海淀区凤凰岭农民田间学校，向果农传授先进的果园栽培管理技术和经营理念。果园内有大型的农产品展览室及接待室，主要负责来客登记、停车管理、门票服务、产品及产品包装展示等。园区内还配备了 50 余个停车位。另外，园区地理位置优越，比邻 4A 级凤凰岭自然风景公园，配套设施齐全，其中有三星实创培训中心、车耳营民族旅游村、特色农家饭等。

## 推荐理由

地处风景秀丽的旅游景区凤凰岭自然公园大门前，环境幽雅，空气清洁。采摘之余可到凤凰岭徒步登山。

## 采摘品种

樱桃。

## 采摘周期

5 月中旬～ 7 月初。
特别推荐：主栽品种早大果。

**吃在庄园**：凤凰岭蒙古包餐厅，60 元 / 人。

美食推荐：烤羊排。以羊排为主料，老少皆宜。

**住在庄园**：标间 380 元。

配套设施：液晶电视、独立浴室和免费宽带上网。

旅店设施：健身房、室内游泳池、户外网球场、商务中心和会议室。

## 顺路玩

**1. 狂飙乐园**

位于北京市海淀区苏家坨风景旅游区。联系电话：010-62455588。

推荐理由：是北京市海淀区乃至全国唯一一家集商务会议体育休闲娱乐健身为一体的综合性生态环保园，能够承接并已承办多项大型体育赛事及培训和观光游览。

**2. 凤凰岭自然风景区**

详细请见前文 P120。

## Day ① 范园

8:00 万泉河桥出发
9:00 可到达狂飙乐园或凤凰岭自然风景区
8:30~11:30 在景区内游玩
11:30~12:30 在景区内或附近午餐
12:30~13:30 出景区
13:30~14:00 驱车前往凤凰岭樱桃生态示

14:00~16:00 园区内游玩、拍照，办理入住
16:00~18:00 自由活动
18:00~20:00 在园区内晚餐在蒙古包餐厅
20:00~22:00 体育健身运动

## Day ②

8:00~9:00 早餐
9:00~11:00 采摘
11:00~13:00 午餐、退房
13:00 返程

### 万泉河桥→凤凰岭樱桃生态示范园　详细路书

总里程：29.85 公里

| 编号 | 起点 | 公里数 | 照片编号 | 道路状况 |
|---|---|---|---|---|
| 1 | 北四环万泉河桥（万泉河快速路） | 0 | 1 | 快速道路 |
| 2 | 沿万泉河快速路接圆明园西路行驶至农大北口，左转进入马连洼北路 | 5.4 | 2 | 快速道路 |
| 3 | 沿马连洼北路行驶至黑山扈桥，右转进入黑山扈路，黑山扈路、永丰桥方向 | 0.65 | 3 | 郊区道路 |
| 4 | 沿黑山扈路接黑龙潭路行驶至冷泉桥，右转进入上庄路 | 6.3 | 4 | 郊区道路 |
| 5 | 沿上庄路行驶，左转进入北清路 | 3.0 | 5 | 郊区道路 |
| 6 | 沿北清路行驶至尽头北安河路口，右转北安河路 | 8.5 | 6 | 郊区道路 |
| 7 | 沿北安河路行驶至台头村口，左转凤凰岭方向 | 4.6 | 7 | 村级道路 |
| 8 | 沿路继续行驶，即可到达终点 | 1.4 | 8 | 郊区道路 |

**DATA**

地址：北京市海淀区苏家坨镇凤凰岭路
　　　实创培训中心东侧
邮编：100194
联系电话：010-62455523
传真：010-62487574
停车场地：有 50 个停车位

# 海淀区 〉 杨家庄采摘园

北京市级 ★★★

杨家庄采摘园位于杨家庄村南山山脚下，种植樱桃 250 亩。2006 年被定为海淀区标准化示范基地。在海淀区 2011 年第十一届樱桃评比中荣获最美樱桃一等奖、最佳口味一等奖和综合评比一等奖。采摘园实行标准化管理，使用绿色有机肥，采用黑光灯和人工捕捉方式除虫，确保果品是安全绿色食品。

## 推荐理由

杨家庄观光采摘园位于南山山脚下，三周被山环抱，继续上行数百米便进了山，四周满目苍翠，北眺上庄、西北旺、莽莽凤凰岭、巍巍妙峰山脉尽收眼底，风景美不胜收。

## 采摘品种

樱桃。有红灯、红艳、大紫、早大果和红密等品种。

## 采摘周期

每年 5 月中旬~6 月底。

## 顺路玩

**1. 狂飙乐园**
　　详细请见前文 P122。

**2. 凤凰岭自然风景区**
　　详细请见前文 P120。

## Day ①

8:00 万泉河桥出发
9:00 可到达狂飙乐园或凤凰岭自然风景区
8:30~11:30 在景区内游玩
11:30~12:30 在景区内或附近午餐
12:30~13:30 出景区
13:30~14:00 驱车前往杨家庄采摘园
14:00~16:00 园区内游玩、拍照、办理入住
16:00 返程

**1** Day Route 日游 建议行程

## 万泉河桥→杨家庄采摘园 详细路书

总里程：14.85 公里

| 编号 | 起点 | 公里数 | 照片编号 | 道路状况 |
|---|---|---|---|---|
| 1 | 北四环万泉河桥（万泉河快速路） | 0 | 1 | 快速道路 |
| 2 | 沿万泉河快速路接圆明园西路行驶至农大北口，左转进入马连洼北路 | 5.4 | 2 | 快速道路 |
| 3 | 沿马连洼北路行驶至黑山扈桥，右转进入黑山扈路，黑山扈路、永丰桥方向 | 0.65 | 3 | 郊区道路 |
| 4 | 沿黑山扈路接黑龙潭路行驶至冷泉桥，左转进入温泉路 | 6.3 | 4 | 郊区道路 |
| 5 | 沿温泉路行驶至杨家庄村口，左转进入杨家庄村 | 1.4 | 5 | 郊区道路 |
| 6 | 沿路直行，即可到达终点 | 1.1 | 6 | 村级道路 |

### DATA

名称：北京温泉杨家庄采摘园
地址：海淀区温泉镇杨家庄村南
联系电话：010-62463152
银联卡：无
停车场地：能停放 50 辆车

星等级：市级 3 星
邮编：100095
联系手机：13681199600
信用卡：无
温馨提示：用导航导温泉供电所往下 100 米即到

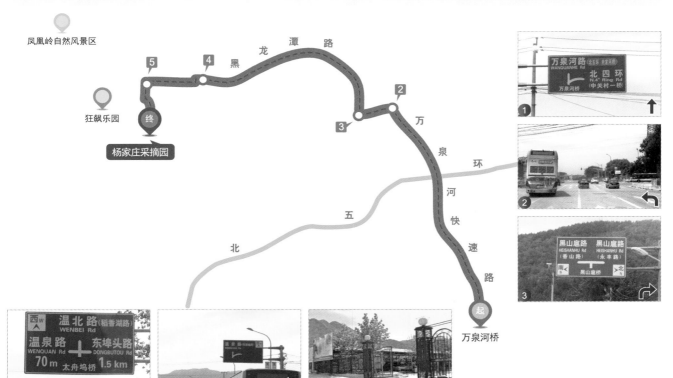

128-129
南宫世界地热博览园

# FENGTAI DISTRICT

丰台区

130-131
北京花乡世界花卉大观园

132-133
北京国际露营公园

# 丰台区　南宫世界地热博览园

南宫世界地热博览园始建于 1992 年，是集休闲、观光、采摘娱乐、健身、科普教育、垂钓、餐饮于一体的综合性公园。南宫世界地热博览园是国家 AAAA 级旅游景区、旅游标准化示范单位、环境教育基地。园路建设成植物长廊、种植樱桃、葡萄、猕猴桃、丝瓜等，既可供游人观赏、采摘，还可乘凉，更是美丽的景观大道。

## 推荐理由

由鹦鹉园、垂钓园和植物观赏园三个园组成。鹦鹉园是孩子们的最爱，在这儿，孩子们拿小米和瓜子喂鸟，零距离与鸟互动，很有意思。温室园里的花儿开得很艳，番茄树、茄子树，让我们大开眼界。最享受的是泡温泉。

## 采摘品种

无公害蔬菜小黄瓜、小番茄、彩椒、茄子，无公害水果葡萄、苹果，以及小西瓜、草莓、樱桃、蓝莓、香蕉火龙果和木瓜。

## 采摘周期

香蕉 1 ~ 12 月；小黄瓜 5 ~ 12 月；小番茄 1 ~ 12 月；彩椒 1 ~ 12 月；小西瓜 4 ~ 5 月；草莓 1 ~ 5 月；樱桃 4 ~ 6 月；葡萄 6 ~ 11 月；杏、桃 4 月底 ~ 5 月中旬；蓝莓 5 ~ 6 月初；杏李 5 ~ 6 月；火龙果 6 月下旬 ~ 11 月。

特别推荐 1：香蕉。
特别推荐 2：葡萄。

## 顺路玩

**青龙湖公园**

位于京郊丰台区王佐镇长青路，是距京城最近的"一盘清水"，园内山清水秀，林木茂盛，湖面宽阔，生态环境十分优美。

门票：20 元 / 人。

开放时间：9：00 ~ 17：00。联系电话：010-83310645。

推荐理由：公园内有露天沙滩浴场、观光果园、水上娱乐、会议餐饮和综合服务等几大区域。被国家旅游局评为 3A 级旅游景区。

住在周边：周边集餐饮、住宿、休闲、娱乐、健身、购物为一体，有三星、四星、五星酒店，拥有 400 余套住房，住宿价格在 200 ~ 1000 元。

吃在庄园：北京南宫温泉度假酒店有限公司、北京南宫京西宾馆、北京泉怡园农庄、北京南宫民族温泉养生园。

美食推荐 1：烤羊排。
美食推荐 2：中餐。

## Day ①

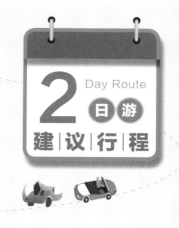

西四环岳各庄桥出发
9:00 可到达南宫世界地热博览园，办理入住，门
票可团购
9:00~11:30 温泉嬉水
11:30~13:30 在园区内午餐

13:30~17:30 自由嬉水
17:30~20:00 在园区内晚餐
20:00~22:00 自由活动

## Day ②

8:00~9:00 早餐
9:00~11:00 园区内采摘、垂钓
11:00~13:00 园区内午餐、退房
13:00 返程，或前往青龙湖公园或罗平设施精品园游玩

### 岳各庄桥→南宫世界地热博览园　详细路书

总里程：18.5 公里

| 编号 | 起点 | 公里数 | 照片编号 | 道路状况 |
|---|---|---|---|---|
| 1 | 西四环岳各庄桥 | 0 | 1 | 高速公路 |
| 2 | G4 京港澳高速经杜家坎收费站，继续沿 G4 京港澳高速行驶 | 6.5 | 2 | 高速公路 |
| 3 | 京良路出口，向王佐、南宫方向 | 10 | 3 | 高速公路出口 |
| 4 | 出口沿南宫迎宾路行驶，道路左侧即可到达终点 | 2.0 | 4 | 郊区道路 |

**DATA**

名称：北京南宫世界地热博览园有限公司
简称：南宫地热博览园
星等级：市级 5 星
地址：北京市丰台区王佐镇南宫 1 号
邮编：100074
联系电话：010-83319522
联系手机：13910741405
传真：010-83398389
银联卡：可用
停车场地：有

岳各庄桥

起

西四环

长辛店镇

西五环

京港澳高速

洛平设施精品园

南宫世界地热博览园

终

青龙湖公园

终极路书

# 丰台区 北京花乡世界花卉大观园

**国 家 级**
**北京市级** ★★★★★

北京花乡世界花卉大观园位于北京的南四环北侧，京开公路东侧，拥有北京市不可多得的大型花卉植物生态景观，汇聚中外各国的奇花异草、珍稀树木和各地的经典园林风光，并有机地将农业观光休闲、花卉文化、自然科普和特色服务集成于一体，成为北京市四环内独具花卉文化特色和规模的大型植物景观园林。国家"4A"级旅游景区。

## 👍 推荐理由

在北京花乡世界花卉大观园内可游世界花卉大观园，饱览中外各国的奇花异草、珍稀树木和独具花卉特色的大型植物。

## 顺路玩

### 1. 北京汽车博物馆

位于丰台区南四环西路 126 号。

门票：28 元/人。

开放时间：周二 ~ 周日 9：00 ~ 17：00，16：00 停止入馆。联系电话：010-83821088，010-63756666。

推荐理由：我国第一个由政府主导建设的汽车类专题博物馆，是北京国际汽车博览中心的标志性建筑和核心设施。

### 2. 世界公园

世界公园是集世界名胜于一体公园。位于丰台区花乡丰葆路 158 号。

门票：成人 100 元/人；1.2 米以下的儿童、70 岁以上老人凭身份证免费入园。

开放时间：8：00 ~ 21：00，16：30 停止售票。联系电话：010-83613344。

推荐理由：公园整体布局按照五大洲版图划分景区，以世界上 40 个国家的 109 处著名古迹名胜的微缩景点为主体，荟萃了世界上最著名的埃及金字塔、法国埃菲尔铁塔、巴黎圣母院、美国白宫、国会大厦、林肯纪念堂，澳大利亚悉尼歌剧院等建筑，以及意大利式、日本式民居等。

## Day ①

9:00 公益西桥出发
9:10 可到达北京花乡世界花卉大观园
9:10~11:00 欣赏世界上品类繁多的花卉、拍照
11:00~12:30 在园区附近午餐
12:30 可返程，或前往北京汽车博物馆或世界公园游玩

## 公益西桥→北京花乡世界花卉大观园 详细路书

总里程：1.8公里

| 编号 | 起点 | 公里数 | 照片编号 | 道路状况 |
|---|---|---|---|---|
| 1 | 公益西桥（南四环内环）（东向西方向） | 0 | 1 | 市区道路 |
| 2 | 草桥东路出口 | 0.68 | 2 | 市区道路 |
| 3 | 南四环中路辅路 | 0.81 | 3 | 市区道路 |
| 4 | 北京花乡世界花卉大观园 | 0.1 | 4 | 市区道路 |

**DATA**

地址：北京市丰台区南四环中路235号
邮编：100067
联系电话：010-87500840
传真：010-67520526
E-MAIL：Flowercq@126.com
网址：www.gowf.cn
停车场地：有280个停车位

草桥东路

马家堡西路

南四环    终        3    2    南四环    起    公益西桥

北京花乡世界花卉大观园

草桥东路出口

北京汽车博物馆

世界公园

## 丰台区 北京国际露营公园

国家级
北京市级 ★ ★ ★ ★

北京国际露营公园位于北京市丰台区南苑乡南苑村，总占地面积 600 亩，是距离北京城区最近的汽车营地。公园倡导低碳环保、寓教于乐的理念。园区依照欧洲四星汽车营地标准而建设，预计安置 300 个房车营位，包括营地房车、拖挂式房车、自行式房车等不同的种类。园内开放众多娱乐项目，包括马术、儿童牧场、儿童驾校、迷你高尔夫、阳光泳池、淘金山、光脚步道、儿童跳蚤市场、开放式儿童游戏区。此外，恐龙谷、昆虫馆两大娱乐项目集趣味性与知识性于一体，为都市人群打造充满时尚与乐趣的汽车营地。现已是欧洲最大的露营服务公司 ACSI 的合作单位。

### 推荐理由

这里是一个房车基地，可以喂养小羊、鹿、鸵鸟和小猪等小动物。树木里的恐龙谷很有特色，马术俱乐部的女骑手很靓。这里出租烧烤炉和木炭，烧烤很方便。

## 顺路玩

**1. 中国印刷博物馆**

它位于大兴区县黄村兴华北路 25 号印刷学院内。以印刷技术为主题，陈列历代有代表性的印刷品、印刷技术设备和相关的原材料。

门票：成人 20 元／人，学生 10 元／人。

开放时间：8：30 ～ 16：30。周一闭馆。联系电话：010-60261238。

推荐理由：中国是印刷术的发明国，印刷术因对世界的文明起到了巨大的促进作用而被称为"文明之母"。

**2. 北京花乡世界花卉大观园**

请参见"丰台区——北京花乡世界花卉大观园"篇。（P30）

吃在庄园：自助烧烤露营 100 元／人，20 人以上团体可享受二至五折优惠价，详情请咨询园区。

住在周边：房车 400 元／天、700 元／天、1000 元／天

客房设备：液晶电视、独立浴室、免费 WI-FI 上网、免费宽频上网。

旅店设施：户外娱乐区、阳光泳池、儿童牧场、光脚步道、淘金山、帐篷区、户外足球场、商务中心和会议室。

## Day ① 

8:00 公益西桥出发

9:00 可到达北京国际露营公园，办理入住或安营扎寨

9:00~11:30 在公园内漫步游览，拍照

11:30~13:30 在公园内午餐

13:30~17:30 可前往阳光泳池或儿童牧场游玩

17:30~20:00 在公园内晚餐，自助烧烤（一日游的朋友可以返程）

20:00~22:00 自由活动

## Day ②

8:00~9:00 早餐

9:00~11:00 公园内游玩

11:00~13:00 公园内午餐、退房

13:00 返程，或前往中国印刷博物馆或北京花乡世界花卉大观园游玩

Day Route

**2** 日游

建｜议｜行｜程

## 公益西桥→北京国际露营公园　详细路书

总里程：6.2 公里

| 编号 | 起点 | 公里数 | 照片编号 | 道路状况 |
|---|---|---|---|---|
| 1 | 南四环公益西桥 | 0 | 1 | 市区道路 |
| 2 | 沿槐房西路行驶到道路尽头，左转进入西红门路，团河路方向 | 4.1 | 2 | 市区道路 |
| 3 | 沿西红门路行驶至团河路北口，见北京南苑国家露营公园牌子，右转进入团河路 | 0.8 | 3 | 市区道路 |
| 4 | 沿团河路直行，道路左侧即可到达终点 | 1.3 | 4 | 市区道路 |

**DATA**

名称：北京中恒金苑公园管理有限公司

简称：中恒公园管理公司

星等级：国家级4星、市级4星

地址：北京市丰台区南苑团河路369号

邮编：100076

联系电话：010-67961280 / 67990605

联系手机：13552364072（杨志红）

E-MAIL：zhaohuanyu79@sina.com

网址：www.campingpark.com.cn

银联卡：可用

信用卡：POSE机可刷的各类信用卡

停车场地：有300个停车位

终 极 路 书

138-139
杏林苑采摘园

142-143
水峪民俗村

140-141
坡峰岭旅游观光园

惠
136-137
云泽山庄

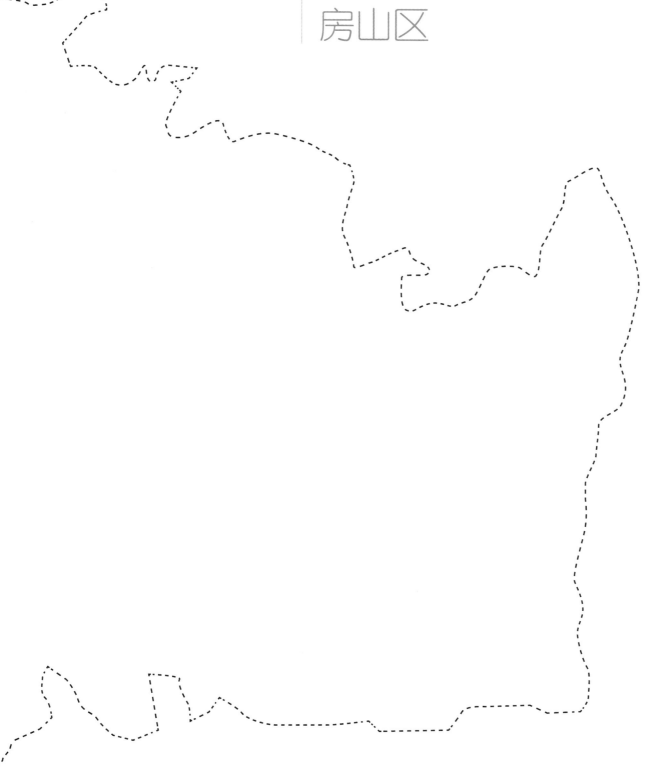

# FANGSHAN DISTRICT

房山区

# 房山区 ▶ 云泽山庄

云泽山庄位于房山区十渡地质公园5A景区内，坐落在风景优美的拒马河畔，因依托十渡奇山秀水、苗侗笙歌，"青山野渡，百里画廊"，所以有"京西南第一度假村"的美誉。山庄占地面积300余亩，可同时容纳1000人用餐，550人住宿，有9个多功能会议室。

## 推荐理由

置于十渡这样的大环境中，自然环境与酒店融为一体，四面被山环绕。山庄内有许多公司举行拓展野外训练，场地足够大。晚上能举办烧烤晚会等，露天温泉可以看到星空，很是惬意！下雾的早晨，大自然如蒙着一层面纱，恍惚中以为身在仙境。

## 采摘品种

樱桃、蟠桃、梨、柿子和应季蔬菜。

## 采摘周期

樱桃5月~6月；蟠桃6月~7月；梨8月~9月；柿子10月~12月。

**吃在庄园**：水云间88元/人；竹楼农家菜60元/人。
美食推荐1：河虾、河菜和河鱼。
美食推荐2：烤全羊。

**住在周边**：豪华标间，880元。
客房设备：液晶电视、独立浴室、免费宽频上网。
旅店设施：健身房、室内游泳池、户外球场、商务中心、会议室、室外温泉和卡丁车。

**吃在庄园**：水云间、青鸾食府和竹楼餐厅3家餐厅。
美食推荐：八大碗。乡村"八大碗"实际是一桌菜，在民间叫做"八样头"。是以前乡村民间请客时做的八道菜。20世纪70年代之前非常流行的高规格请客宴席。菜的形式一致，内容一致。吃时一碗一碗地上，前一碗吃完才上后一碗，家家如此。比"八样头"低一等的有"六样头"或者"四样头"。"八大碗"口味浓郁，至今仍是特别有代表性的农家宴席。

## 顺路玩

### 1. 黄山店坡峰岭旅游观光园

位于北京市房山区周口店镇黄山店村境内西北3公里处。
推荐理由：景色独特，石道蜿蜒。秋季最美——红叶随行，仰角层林尽染，举头云峰雾绕，与香山不同之红，一片耀眼的红色中，还点缀着黄、橙、绿……

### 2. 拒马河乐园

位于房山区十渡风景区。
门票：套票价格最高的是14项联票，150元/人。
项目包括：索道、滑翔飞翼、石佛馆、竹筏、表演、鬼屋、攀岩、快艇、茶座、皮划艇、电瓶船、鸭子船、电子牛和冲浪车。
联系电话：010-85696611。
推荐理由：可选择的项目多。

## Day ① 建议行程

8:00 岳各庄桥出发
10:00 可到达云泽山庄
10:00~11:30 办理入住，自由活动
11:30~13:30 在园区内午餐
13:30~17:30 园区游玩，夏天有水上乐园，冬天有雪世界，一年四季都有团队拓展，真人 CS
17:30~20:00 在园区内晚餐，品尝八大碗
20:00~22:00 自由活动

## Day ②

8:00~9:00 早餐
9:00~10:00 园区内采摘、退房
10:00 可返程，或前往拒马河乐园或黄山店坡峰岭旅游观光园

**2 Day Route 日游**

## 岳各庄桥→云泽山庄　详细路书

总里程：82 公里

| 编号 | 起点 | 公里数 | 照片编号 | 道路状况 |
|---|---|---|---|---|
| 1 | 西四环岳各庄桥 | 0 | 1 | 高速公路 |
| 2 | G4 京港澳高速经杜家坎收费站，继续沿 G4 京港澳高速行驶 | 6.5 | 2 | 高速公路 |
| 3 | 琉璃河出口 | 32.5 | 3 | 高速公路出口 |
| 4 | 出口左转进入岳琉路 | — | 4 | 郊区道路 |
| 5 | 沿岳琉路直行至岳各庄南口，左转进入房易路，长沟、易县方向 | 13.3 | 5 | 郊区道路 |
| 6 | 沿房易路行驶至长沟中学路口，右转进入云居寺路，云居寺、十渡方向 | 2.6 | 6 | 郊区道路 |
| 7 | 沿云居寺路行驶至云居寺南口，左转进入周张路，十渡方向 | 11.8 | 7 | 郊区道路 |
| 8 | 沿周张路行驶至张坊北口，右转进入涞宝路，十渡方向 | 7.3 | 8 | 郊区道路 |
| 9 | 沿涞宝路行驶，即可到达终点 | 8.0 | 9 | 郊区道路 |

### DATA

名称：北京云泽山庄农业观光有限公司
星等级：市级 5 星
联系电话：010-61344666
传真：010-61344064
停车场地：有 4 个停车场，300 个停车位

简称：云泽山庄
邮编：102409
联系手机：13910383231
网址：www.bjyunzeshanzhuang.com

代金券
果蔬采摘 8 折
休闲娱乐 6 折
·此项仅限住店客人
* 截止 2015 年 12 月 31 日

微信扫一扫
获取电子优惠券

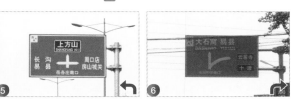

终极路书

# 房山区 杏林苑采摘园

北京市级 ★★★★

杏林苑采摘园位于房山区霞云岭乡四马台村北京霞云岭国家森林公园内，距北京市区约 103 公里。地处海拔 2161 米"清凉世界、天然氧吧"之美称的白草畔山腰，平均海拔 900 米，林木覆盖率达 90% 以上。全村总面积 19.1 平方公里，452 户，其中市级民俗旅游专业户 261 户。

## 推荐理由

采摘园气温比市区低，空气清新。烤全羊时围篝火起舞，有些蒙古族牧民风情。贴饼子和榆子小米饭很有特色。

## 采摘品种

仁用杏。

## 采摘周期

7 月。

特别推荐：仁用杏。

## 顺路玩

### 1. 白草畔

百花山位于北京门头沟区清水镇境内，国家级自然保护区。山坡海拔 1800 ~ 2000 米，最高峰白草畔海拔 2050 米，是北京市第三高峰。

门票：80 元 / 人。

开放时间：4 月 30 日 ~ 10 月 15 日，7：30 ~ 18：00。

联系电话：010-60369037。

推荐理由：山地形、地貌、地质条件复杂，百花山主峰景区、百花草甸景区、望海楼景区、白草畔景区各具特色。

### 2. 拒马河乐园

详细请见前文 P136。

住在周边：100 元 / 间。

客房设备：电视、独立卫生间。
旅店设施：健身房、会议室。

吃在庄园：农家院、腾马酒店和鲲鹏酒店。

美食推荐 1：烤全羊。白草畔的烤全羊用的是深山区的山羊，食野草长大，羊味十足。烤全羊为了美味新鲜，都是先定在购买，烤前宰杀，肉质鲜美。

美食推荐 2：贴饼子。玉米面贴饼子是白草畔自然风景区农家的一道主食。

美食推荐 3：榆子小米饭。"炒榆子，包叶子"是白草畔自然风景区的民谣。在粮食短缺的年代，榆子是救命草。而今榆子是餐桌上的"贵宾"，榆子小米饭成了一道特色主食。

## Day ①

8:00 西四环沙窝桥出发
10:30 可到杏林苑采摘园
10:00~12:00 在园区里游玩登山、采摘
12:00~14:00 在园区周边的农家院午餐
14:00 可返程，或前往拒马河乐园或百草畔游玩

**1** Day Route
日 游
建|议|行|程

## 沙窝桥→杏林苑采摘园　详细路书

总里程：94 公里

| 编号 | 起点 | 公里数 | 照片编号 | 道路状况 |
|---|---|---|---|---|
| 1 | 西四环沙窝桥 | 0 | 1 | 城市快速路 |
| 2 | 沿莲石路行驶接 G108 国道京昆路 | — | — | 国道道路 |
| 3 | 沿 G108 国道京昆路行驶至潭柘寺环岛，延环岛行驶第三个出口，继续驶入 G108 国道京昆路 | 23 | 2 | 国道道路 |
| 4 | 继续沿 G108 国道京昆路行驶至石板台路口，右转继续驶入 G108 国道京昆路，鱼斗泉、来源方向 | 56 | 3 | 国道道路 |
| 5 | 继续沿 G108 国道京昆路行驶至龙门台村口，右转进入四马台路沿司马台路行驶 | 10 | 4 | 国道道路 |
| 6 | 沿司四台路行驶影壁墙，右后上方即可到达终点 | 5.0 | 5 | 郊区道路 |

**DATA**

名称：北京白草畔旅游开发有限公司
星等级：市级 4 星
地址：北京市房山区霞云岭乡四马台村
邮编：102421
联系电话：010-60369037
传真：010-60369223
E-MAIL：smt9037@126.com
网址：http://www.baicaopan.com/
停车场地：有 3 个停车场

沙窝桥 起
潭柘寺镇 **2**
G108
长辛店镇
西六环
京石高速
京深线
G108
河北镇
杏林苑采摘园 终 **5**
白草畔
**4** **3**
霞云岭乡
拒马河乐园

**1** 郑常庄 0.5km　京港澳高速 2km　丰北桥 3km　京港澳高速（原京石高速）
**2** 潭柘寺　王平　房山　涞源
**3** 十渡 SHIDU 36km　鱼斗泉　涞源　石板台路口
**4**
**5** P

## 房山区　坡峰岭旅游观光园　北京市级 ★★★★

坡峰岭旅游观光园位于北京西南房山区周口店镇黄山店村，距市区 50 公里，景区总面积约 13.33 万平方米，周黄公路直达景区路口。景区北紧连京西八大景之一、有明清时期京郊避暑胜地之美誉的"红螺三险"。苍青翠绿中，坐落着大太监李莲英和民国大总统曹锟的别墅。景区南邻巍峨壮观的西棺材山。景区艳丽的色彩源自这里种类丰富的植物资源。坡起处种植着柿子树、核桃、桃树、山杏和杨树，伴生有野酸枣、野山梨、野山菊等。半坡拾阶而上，蜿蜒小路两侧多种植着自然生的高大的黄栌，伴生麻榆、麻全子、酸枣、山荆等。高坡处有密集高大的黄栌、栾树、杨树，密而不见天日。纵览园区，春季踏青观花，夏季避暑乘凉，秋季赏漫山红叶，冬季观瑞雪奇景，是小憩、休闲和放松的好去处。

## 👍 推荐理由

香山的红叶家喻户晓，坡峰岭的红叶美过香山，且去的游人不多。采摘的同时，徒步登山赏红叶很惬意。坡峰岭的登山路线是环行的，右侧为上山路线，左侧为下山路线。上山路线走至顶端时，为双行山路，有点将台、鹰嘴岩和玉虚宫。沿山路遍山红叶，煞是好看。

## 采摘品种

磨盘柿和山楂。

## 采摘周期

10 月。

特别推荐：磨盘柿。磨盘柿果实扁圆，形似磨盘，体大皮薄，无核汁多，不仅营养丰富，还有清热润肺、化痰止咳等功能。

**住在周边**：以牌价为准。

**客房设备**：液晶电视、独立浴室和免费宽频上网。

**旅店设施**：健身房、室内游泳池、户外网球场、商务中心和会议室。

## 顺路玩

### 1. 周口店猿人遗址公园

位于北京西南的房山区境内，因 1929 年 12 月 2 日在此发掘出第一颗生存于 50 万至 70 万年前的"北京人头盖骨"，将人类历史向前推展了 50 万年而闻名于世。以后在这里又陆续发掘出生活于 10 万年前的"新洞人"和生存于 1 万年前的"山顶洞人"的活动。

门票：30 元 / 人。

开放时间：8：30 ～ 16：30。

推荐理由：周口店北京人是我国最早发现并挖掘的古人类遗址。

### 2. 拒马河乐园

详细请见前文 P136。

**吃在庄园**：红色背篓餐饮部，20 元 / 人。

美食推荐 1：压饸饹。压饸饹是本地传统特色食品，将榆皮面、荞麦面、玉米面、小米面和豆面 5 种粗粮，用传统木质饸饹床人工压制而成。

美食推荐 2：菜团子。菜团子用玉米面、豆面和小米面等和面，用本地种的绿色无公害蔬菜做馅儿。

美食推荐 3：大包子。大包子由精选小麦面做皮，用本地种的绿色无公害蔬菜做馅儿。

美食推荐 4：石磨豆腐。

## Day 1

Day Route
日 游
建|议|行|程

8:00 岳各庄桥出发
9:30 可到坡峰岭旅游观光园
9:30~11:30 在园区里游玩登山、采摘，秋季可赏红叶
11:30~13:30 在园区周边的农家院午餐
13:30 可返程，或前往拒马河乐园或周口店猿人遗址公园游玩

## 岳各庄桥→坡峰岭旅游观光园　详细路书

总里程：50 公里

| 编号 | 起点 | 公里数 | 照片编号 | 道路状况 |
|---|---|---|---|---|
| 1 | 西四环岳各庄桥 | 0 | 1 | 高速公路 |
| 2 | G4 京港澳高速经杜家坎收费站，继续沿 G4 京港澳高速行驶 | 6.5 | 2 | 高速公路 |
| 3 | 阎村出口 | 16.5 | 3 | 高速公路出口 |
| 4 | 出口进入京周路，（沿主路行驶上桥，张坊方向） | — | 4 | 郊区道路 |
| 5 | 沿京周路行驶至周口店南口，左转驶入周张路，上方山、张坊方向 | 15.5 | 5 | 郊区道路 |
| 6 | 沿周张路行驶至岔路口（栓马庄桥），靠右行驶进入新泗路 | 4.5 | 6 | 郊区道路 |
| 7 | 沿新泗路行驶至来沥水村口，见坡峰岭风景区石头标志，左转 | 5.0 | 7 | 郊区道路 |
| 8 | 沿山路行驶，即可到达终点 | 2.0 | 8 | 郊区道路 |

### DATA

名称：北京市房山区周口店镇黄山店村
　　　农工商公司
简称：黄山店坡峰岭旅游观光园
星等级：市级 4 星
GPS：N39°41'21"，E115°51'21"
地址：北京市房山区周口店镇黄山店
　　　村委会西 500 米
邮编：102454
联系电话：010-60364881
联系手机：13718329916
E-MAIL：hsd4881@163.com
网址：http://www.huangshandian.com
停车场地：有 2000 个停车位

终极路书

## 房山区 ▶ 水峪民俗村

水峪村形成于明朝初期，已有600多年的历史，全村现有525户，1317人。现存古宅100套600间、古石碾128盘、还有远近闻名的古中幡及27.5公里长的古商道。村域面积10平方公里，村落沿河谷而建，全村山地面积达96.7%。四周环山，植被丰富，林业覆盖率达73.6%。水峪村2004年被确定为市级民俗旅游村，2012年获得北京最美乡村称号和入选中国传统村落名录，2014年2月入选第六批中国历史文化名村。

到水峪村，古宅、古碾、古中幡、古商道一定不要错过。

古建筑：水峪村仍完整地保留着明清时期的古宅，比较著名的有街屋、杨家大院、四个先生院、东西翁桥、罗锅桥、娘娘庙、大槐树、赏月丘、鸳鸯井和雌雄双槽等。

古石碾：水峪村中分布有清道光十八年、光绪二十四年等大小不同、用途各异的石碾128盘，全部由当地所产青石制作，碾盘碾砣花纹各异。2008年获得"上海大世界吉尼斯中国收藏之最证书"。

古中幡：水峪中幡可以追溯到明洪武、永乐年间，盛于清咸丰年间。水峪中幡是北京市非物质文化遗产，也是水峪村的文化名片。

古商道：水峪村南岭古商道从豹井沟爬小西岭，至莽莽的南大岭，蜿蜒曲折。在没修国道之前，这里是西南方向进京的必经之路。后来修建了国道，有了汽车，这条路渐渐失去了往日的喧闹和繁华。

### 推荐理由

以古宅、古碾、古中幡、古商道为代表的四古文化，成就了水峪村深厚的文化底蕴和历史气息。水峪村女子中幡队很强大，参加过2008年北京奥运会开幕式的垫场演出、新中国成立60年大庆天安门广场的庆祝活动和第一届全国农民艺术节等重大演出活动。

**吃在庄园**：人均50元~80元。

美食推荐1：炖水库鱼。水库鱼清洗干净切段两厘米左右，油锅炸，鱼肉略带焦黄时捞出，放入配好的料汤，豆瓣酱、花椒、大料、葱姜蒜、醋、白糖、料酒、盐和酱油，用中小火炖30分钟，味道鲜美。

美食推荐2：羊肚炖羊肚蘑。羊肚蘑泡发好，羊肚清洗干净，下锅炖熟烂。

美食推荐3：炸茼蒿鱼。把鲜茼蒿用水洗干净，沾满面糊，下入油中炸至金黄。

### 顺路玩

**1. 杏林苑采摘园**

请参见"国家森林公园里的采摘园（房山区 杏林苑采摘园4星）"

**2. 石花洞**

石花洞又叫潜真洞、银狐洞。位于北京房山区南车营村111号，洞内生有绚丽多姿奇妙异常的各种各样石花。

门票：70元/人。

开放时间：8:00~16:30。联系电话：010-60312170/60312243。

推荐理由：石花洞内的岩溶沉积物数量为中国之最，其美学价值和科研价值也可居世界洞穴前列，与闻名中外的桂林芦笛岩、福建玉华洞和杭州瑶琳洞并称我国四大岩溶洞穴。

**住在周边**：标间100元~150元。

客房设备：液晶电视、独立浴室、免费上网。

## Day ①

8:00 从西四环沙窝桥出发
10:30 可到达水峪民俗村，到民俗户办理入住
10:30~12:00 在水峪村村内游玩古建
12:00~14:00 在民俗村内午餐

14:00~17:00 在水峪村附近爬山游玩、拍照
17:00~20:00 在民俗村内晚餐
20:00~22:00 自由活动

**2** 日游 Day Route
建|议|行|程

## Day ②

8:00~9:00 早餐
9:00~11:00 在民俗村内采摘
11:00~13:00 在民俗村午餐、退房
13:00 可返程，或前往杏林苑采摘园或石花洞游玩

# 沙窝桥→水峪民俗村　详细路书

总里程：59 公里

| 编号 | 起点 | 公里数 | 照片编号 | 道路状况 |
|:---:|---|:---:|:---:|:---:|
| 1 | 西四环沙窝桥 | 0 | 1 | 城市快速路 |
| 2 | 沿莲石路行驶接 G108 京昆路 | — | — | 国道道路 |
| 3 | 沿 G108 京昆路行驶至潭柘寺环岛，延环岛行驶第三个出口，继续驶入 G108 京昆路 | 23 | 2 | 国道道路 |
| 4 | 继续沿 G108 京昆路行驶至红煤厂东口，左转南窖方向，驶入红南路 | 26 | 3 | 国道道路 |
| 5 | 沿红南路行驶，即可到达终点 | 10 | 4 | 郊区道路 |

## DATA

名称：水峪民俗村
地址：房山区南窖乡水峪村
邮编：102418
联系电话：010-60375952
传真：010-61305049
E-MAIL：shuiyulvyou@126.com
停车场地：有 10 个停车位

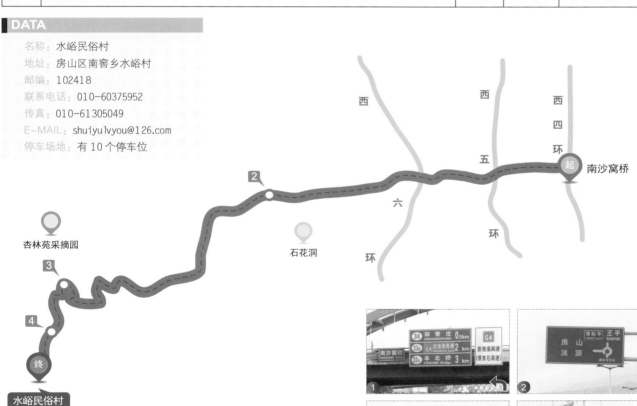

160-161
白羊峪果树种植基地

158-157
阳光果园

150-151
妫州牡丹园

148-149
山间别薯生态农场

162-163
循环农业示范园

146-147
华坤庄园

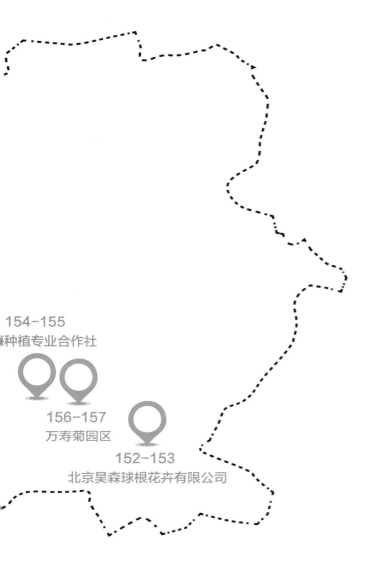

154-155
森种植专业合作社

156-157
万寿菊园区

152-153
北京昊森球根花卉有限公司

YANQING DISTRICT

延庆县

# 延庆县 ▶ 华坤庄园

北京市级 ★★★★★

北京华坤生态庄园酒店，邻近八达岭长城，坐落在千年古堡之下、它是一座生态为核心的绿色庄园，以现代种植业，养殖业为主，有全国第一的 2008 米长的南瓜长廊，种植几百种国内外的珍奇瓜果。特邀名厨精心烹制的特色"南瓜宴"及"豪华全瓜宴"更是让人惊喜万分，池中各种鱼类嬉戏，堤上万紫千红，池边垂钓，恰然自得，百禽园与种植园区的各种奇瓜异果、特色蔬菜供人观光、采摘。

## 推荐理由

生态园环境很好，瓜廊更是有特色，到处都是蔬菜和鲜花，很美。白天钓鱼，晚上有篝火，安静得恍如隔世。

## 采摘品种

樱桃、各种特菜、南瓜、梨、李子和葡萄。

## 采摘周期

樱桃 5 ~ 6 月，各种特菜 5 ~ 11 月，南瓜 9 ~ 10 月，梨 7 ~ 8 月，李子 7 ~ 8 月，葡萄 7 ~ 8 月。

特别推荐 1: 2008 米长的的南瓜观赏长廊，有世界各地不同品种的南瓜，景观壮观神奇，令人赞叹，流连忘返。

吃在庄园：特色绿色餐饮。
美食推荐：园区自种绿色有机蔬菜。

住在庄园：标间 300 ~ 680 元。
配套设施：独立卫生间、24 小时热水、液晶电视、网络。
旅店设施：会议室、台球、KTV、棋牌室、篮球场、观光园、垂钓。

## 顺路玩

**1. 妫水河森林公园**

推荐理由：妫河森林公园，是北京市 11 座新城滨河森林公园之一，是延庆县有史以来建设规模最大的公园，集生态涵养、旅游观光、度假休闲于一体。

**2. 八达岭野生动物园**

它是一家依山而建的大型自然生态公园，位于延庆县八达岭中心停车场对面。

门票：90 元 / 人，保险 5 元 / 人。

开放时间：8：00 ~ 17：00。联系电话：010-69122575。

推荐理由：中国最大的山地野生动物园。

## Day ① 

8:00 健翔桥出发
9:00 可到达八达岭野生动物园
9:30~11:30 驾车在园区里游玩、拍摄，与动物们零距离
11:30~13:30 在园区周边的农家院午餐

13:30~14:30 驱车前往华坤庄园，办理入住
14:30~17:30 在庄园内游玩、拍摄
17:30~20:00 在庄园内品尝特色绿色餐饮
20:00~22:00 自由活动

## Day ②

8:00~9:00 早餐
9:00~10:00 采摘、退房
10:00 可返程，或前往妫水河公园游玩

**2 日游 Day Route 建议行程**

## 健翔桥→华坤庄园　详细路书

总里程：66.8 公里

| 编号 | 起点 | 公里数 | 照片编号 | 道路状况 |
|---|---|---|---|---|
| 1 | 北四环健翔桥 | 0 | 1 | 高速公路 |
| 2 | G6 京藏高速（居庸关—八达岭易行驶缓慢） | 3.3 | 2 | 高速公路 |
| 3 | 营城子出口（62 出口） | 59 | 3 | 高速公路出口 |
| 4 | 沿 S216 直行至新堡庄路口，右转西新路 | 4.2 | 4 | 郊区路口 |
| 5 | 沿西新路直行，路右侧即到达终点 | 0.3 | 5 | 村级道路 |

### DATA

名称：北京华坤庄园
地址：北京市延庆县大榆树镇新宝庄村东 100 米
邮编：102100
联系电话：010-60158288
传真：010-60158819
网址：www.yqhuakun.com
银联卡：可用
信用卡：各银行均可用
停车场地：有 50 个停车位

妫水河森林公园
华坤庄园
八达岭野生动物园
京藏高速
北六环　北五环　北四环
健翔桥

# 延庆县　山间别薯生态农场　北京市级 ★★★★

　　山间别薯位于延庆县井庄镇，距北京最有名的豆腐宴柳沟名俗村（火盆锅）2公里，占地面积500亩，以有机种植（紫薯、土豆、小麦、玉米等）、自然养殖、农耕文化及有机生活体验观光为主。

## 推荐理由

　　躬耕七年，只为吃到健康无污染的食物，这就是农场主的执著。在这片远离化肥、农药，采用自然堆肥和人工除草的土地上，只生产当地的、应季的、自然的有机食物。来这里，可以亲手榨油、手工磨面、体验有机生活，和农场主一起成为大地的守护者！

## 采摘品种

　　有机紫薯、红薯、有机蔬菜、有机玉米和有机葡萄等。

特别推荐1：有机紫薯、有机蔬菜和有机玉米。
特别推荐2：有机无花果和柴鸡蛋。

　　吃在庄园：
　　美食推荐：有机餐饮、有机紫薯和有机面点。

## 顺路玩

**1. 柳沟凤凰古城**
　　位于北京延庆县柳沟西。
免门票。随时可参观。
推荐理由：看柳沟城墙、城门等遗址，市一、二级国槐、榆树、柳树等9棵，明朝总兵府驻兵使用过的古井7口。吃柳沟豆腐宴。

**2. 永宁古镇**
　　位于延庆县东20公里，始建于唐贞观十八年（644年），延庆县第二大镇。
推荐理由：吃豆腐宴、火勺，参观天主教堂（9：00～17：00开放）、玉皇阁等。

## Day ①

8:00 健翔桥出发

10:00 可到达山间别薯生态农场

10:00~12:00 在农场内游玩、拍照、采摘

12:00~14:00 在农场内（自助式）午餐

14:00~15:00 如果小朋友比较多的话，可以学习制作可爱的面点

15:00 可返程，或前往柳沟凤凰古城或永宁古城游玩

**Day Route**

1 日游

建|议|行|程

# 健翔桥→山间别薯生态农场　详细路书

总里程：88 公里

| 编号 | 起点 | 公里数 | 照片编号 | 道路状况 |
|---|---|---|---|---|
| 1 | 北四环健翔桥 | 0 | 1 | 高速公路 |
| 2 | G6 京藏高速（居庸关—八达岭易行驶缓慢） | 3.3 | 2 | 高速公路 |
| 3 | 营城子出口（62） | 59 | 3 | 高速公路出口 |
| 4 | 沿 S216 直行至东杏园路口，右转大榆树方向 | 7.4 | 4 | 郊区道路 |
| 5 | 沿双杏东街直行到头，左转 | 1.5 | 5 | 郊区道路 |
| 6 | 沿路行驶至姜家台路口，右转 G110 方向 | 2.8 | 6 | 郊区道路 |
| 7 | 沿路行驶至大榆树路口，稍向右转进入 G110 京银路 | 1.2 | 7 | 国道道路 |
| 8 | 沿 G110 京银路行驶至二道河路口，左转井庄方向 | 4.0 | 8 | 郊区道路 |
| 9 | 沿路直行，即可到达终点 | 8.0 | 9 | 村级道路 |

注：不推荐 G7 到德胜门 +G110 线路，因为该路段大车很多，G110 段为盘山公路，路段危险。

**DATA**

名称：北京山间别薯生态农场

简称：山间别薯

星等级：国家级 3 星、市级 4 星

地址：北京市延庆县井庄镇艾官营村南 300 米

联系电话：010-81173890

联系手机：15699935899 / 13910500916

微信公众号：suwenbj

E-MAIL：995172912@qq.com

网址：www.bs5518.com

信用卡：可用 VISA、MASTER、JCB 和 AE

停车场地：有 6000 平方米停车场

# 妫州牡丹园

延庆县

国家级 ★★★★

妫州牡丹园栽培的反季节催牡丹能够让雍容华贵、国色天香的牡丹花一年四季进寻常百姓之家，填补了北京花卉市场的空白，常规陆地牡丹现有 200 余亩，有 100 个牡丹品种。

有机蔬菜种植在整个生产过程中严格遵循有机食品的生产技术标准，即生产过程中完全不使用农药、化肥、生长调节剂等化学物质，不使用转基因工程技术，同时还经过独立的有机食品认证机构全过程的质量控制和审查。

## 推荐理由

妫州牡丹园是北京市面积最大的牡丹园种植园区，直径 25 米的花王、艳丽的乔红争艳。牡丹园共分牡丹观赏区、有机蔬菜种植领养区、四季蔬菜采摘区、特色餐饮区、养殖区、休闲度假区和娱乐体验区七大园区，每一个园区都有其自身的特色。采摘区为游客准备了西红柿、黄瓜等多种时令蔬菜，娱乐体验区为小朋友们准备了趣味十足的儿童乐园，休闲区提供了温馨木屋和帐篷露营两种住宿方式供游人选择；在特色餐饮区，游客则可以品尝到驴肉宴。

## 采摘品种

圆茄、长茄、西红柿、紫宝石（小西红柿）、豆角等 13 种有机蔬菜。

特别推荐：西红柿。

## 顺路玩

### 1. 龙庆峡风景区

位于北京市延庆县城东北 10 公里的古城村西北的古城河口。

门票：40 元 / 人，冬季看冰灯时 100 元 / 人。

开放时间：7：30 ~ 16：30。

联系电话：010–69191020。

推荐理由：北京的"小漓江"。

### 2. 百里画廊

位于延庆东北部千家店镇，2007 年被评为北京市自驾游 10 条最佳线路之首。无门票。

推荐理由：中国北方最美的景观大道，避暑胜地。

### DATA

名称：妫州牡丹园

星等级：国家级 3 星

地址：北京市延庆县旧县镇常里营村

邮编：102109

联系电话：13911413889

联系手机：13911413889

传真：010–81177588

E-MAIL：Liuhuaiwang@126.com

银联卡：可用

信用卡：VISA，MASTER，ICB 和 AE 卡

停车场地：有。

吃在庄园：妫州牡丹园餐厅

美食推荐 1：全驴宴。

美食推荐 2：驴肉火烧。

## Day ① 

8:00 健翔桥出发
11:00 可到达妫州牡丹园
11:00~12:00 办理入住，简单游园
12:00~14:00 在园区内午餐

14:00~17:30 在园区内游玩、拍摄，欣赏北京市面积最大的牡丹种植园
17:30~20:00 在庄园内晚餐，驴肉特色
20:00~22:00 自由活动

## Day ②

8:00~9:00 早餐、退房
9:00 可返程，或前往龙庆峡风景区或百里画廊游玩

**2** Day Route 日游 建｜议｜行｜程

## 健翔桥→妫州牡丹园　详细路书

总里程：89.9 公里

| 编号 | 起点 | 公里数 | 照片编号 | 道路状况 |
|---|---|---|---|---|
| 1 | 北四环健翔桥 | 0 | 1 | 高速公路 |
| 2 | G6 京藏高速（居庸关—八达岭易行驶缓慢） | 3.3 | 2 | 高速公路 |
| 3 | 营城子出口（62 号出口） | 59 | 3 | 高速公路出口 |
| 4 | 沿 S216 直行，右转继续行驶 S216 | 7.5 | 4 | 郊区道路 |
| 5 | 沿 S216 接龙庆路至京张路口，右转至延琉路（永宁方向） | 5.4 | 5 | 郊区道路 |
| 6 | 沿延琉路行驶至八里店路口，左转进入龙庆峡方向 | 3.0 | 6 | 郊区道路 |
| 7 | 沿路直行，右转进入旧小路（旧县方向） | 6.4 | 7 | 郊区道路 |
| 8 | 沿旧小路直行，见妫州牡丹园指示牌右转 | 4.3 | 8 | 郊区道路 |
| 9 | 沿路直行，即到达终点 | 1.0 | 9 | 村级道路 |

　　注：不推荐 G7 到德胜门 +G110 线路，因为该路段大车很多，G110 段为盘山公路，路段危险。

终极路书

# 延庆县

# 北京昊森球根花卉有限公司　北京市级　★ ★ ★

北京昊森球根花卉有限公司位于北京市延庆县四海镇西沟外村，是一家集休闲娱乐、旅游观光、花卉观赏、采摘为一体的现代都市农业生态园。占地面积840亩，主要经营宿根花卉和草盆花。

## 推荐理由

多年来从事草坪、苗木、宿根花卉和球根花卉的生产与经营。开花的季节，从著名的景观大道百里画廊到种植中心，置身于花的海洋，享受浪漫的气息。

## 顺路玩

### 1. 四海镇四季花海

位于延庆县四海镇。

门票：免费游玩。

联系电话：010-60187019。

推荐理由：多种颜色的花的海洋，极具浪漫色彩。

### 2. 珍珠泉留香谷

位于延庆珍珠泉乡珍珠泉村。

门票：30元/人。

联系电话：010-60186168。

推荐理由：象征浪漫爱情的薰衣草，还有马鞭、醉蝶、甜叶菊等，温馨又浪漫。

## DATA

坐标值：N40°54'06"，E116°35'35"

地址：北京市延庆县四海镇

邮编：101107

联系手机：13901096362

银联卡：仅收现金

停车场地：3个停车场，1000平方米

## Day ①

8:00 健翔桥出发

11:00 可到达北京昊森球根花卉有限公司

11:00~13:00 在园区内午餐

13:00~15:00 在园区内观赏、拍照，亲临球根花海

15:00 可返程，或前往四海镇四季花海或珍珠泉留香谷游玩

**1 Day Route**

日游

建|议|行|程

珍珠泉留香谷

四海镇四季花海

终

北京昊森球根花卉有限公司

7

### 健翔桥→北京昊森球根花卉有限公司　详细路书

总里程：124 公里

| 编号 | 起点 | 公里数 | 照片编号 | 道路状况 |
|---|---|---|---|---|
| 1 | 北四环健翔桥 | 0 | 1 | 高速公路 |
| 2 | G6 京藏高速（居庸关—八达岭易行驶缓慢） | 3.3 | 2 | 高速公路 |
| 3 | 营城子出口（62 号出口） | 59 | 3 | 高速公路出口 |
| 4 | 沿 S216 直行，右转继续行驶 S216 | 7.5 | 4 | 郊区道路 |
| 5 | 沿 S216 接龙庆路至京张路口，右转至延琉路（永宁方向） | 5.4 | 5 | 郊区道路 |
| 6 | 沿延琉路行驶至永宁东口，左转向刘斌堡、怀柔方向，继续沿延琉路行驶 | 16.4 | 6 | 郊区道路 |
| 7 | 沿延琉路行驶至四海路口，右转向北京城区、怀柔方向进入安四路 | 27.6 | 7 | 郊区道路 |
| 8 | 沿路直行至外炮村东，左侧山坡即到达终点（该地点经与四海镇管农业的主任联系，无标志及路牌） | 3.4 | 8 | 村级道路 |

延庆县

5

4

3

西北六环

京藏高速

北五环

北四环

2

起

健翔桥

终

极

路

书

## 延庆县　四海种植专业合作社　北京市级　★ ★ ★

四海种植专业合作社包括四季花海茶菊、玫瑰采摘园，位于延庆县东 46 公里四季花海景区，是四季花海景区重要组成部分，因四海镇独特的环境条件和高海拔的地里优势，其成长的花茶具有零污染零农残的天然品质。

### 推荐理由

合作社种植的"京水源"菊花茶其品种为玉胎一号，是北京唯一原产地，被消费者青睐。合作社提供烘干设备，让游客当日采摘当日便可加工成菊花茶带走。水果玉米是适合生吃的一种超甜玉米，与一般的甜玉米相比，它的主要特点是皮薄、汁多、质脆而甜。

### 采摘品种

玫瑰茶、茶菊和水果玉米。

### 采摘周期

玫瑰6月、水果玉米8月、茶菊9月。

特别推荐1："京水源"菊花茶其品种为玉胎一号，是北京唯一原产地，让大家亲自体验采摘的乐趣。

特别推荐2：水果玉米可直接生吃，也可煮熟后食用。引进美国等国家经过上百年历史培育的水果玉米，品种很多，口感非常好。

### 顺路玩

**1. 四海镇四季花海**

位于延庆县四海镇。

门票：免费。

联系电话：010-60187019。

推荐理由：多种颜色的花的海洋，极具浪漫色彩。

**2. 珍珠泉留香谷**

位于延庆珍珠泉乡珍珠泉村。

门票：30元 / 人。联系电话：010-60186168。

推荐理由：象征浪漫爱情的薰衣草，还有马鞭、醉蝶、甜叶菊等，温馨又浪漫。

吃在庄园：韩秀芬农家院

美食推荐1：石板羊肉。

美食推荐2：扒猪脸。

## Day ①

8:00 健翔桥出发
11:00 可到达四海种植专业合作社
11:00~13:00 在韩秀芳农家院午餐
13:00~15:00 在园区内观赏、拍照、采摘
15:00 可返程，或前往四海镇四季花海或珍珠泉留香谷游玩

## 健翔桥→四海种植专业合作社　详细路书

总里程：113.1公里

| 编号 | 起点 | 公里数 | 照片编号 | 道路状况 |
|---|---|---|---|---|
| 1 | 北四环健翔桥 | 0 | 1 | 高速公路 |
| 2 | G6 京藏高速（居庸关—八达岭易行驶缓慢） | 3.3 | 2 | 高速公路 |
| 3 | 营城子出口（62号出口） | 59 | 3 | 高速公路出口 |
| 4 | 沿 S216 直行，右转继续行驶 S216 | 7.5 | 4 | 郊区道路 |
| 5 | 沿 S216 接龙庆路至京张路口，左转至延琉路（永宁方向） | 5.4 | 5 | 郊区道路 |
| 6 | 沿延琉路行驶至永宁东口，左转向刘斌堡、怀柔方向，继续沿延琉路行驶 | 16.4 | 6 | 郊区道路 |
| 7 | 沿延琉路行驶，见赏四季花海品四海菊花牌子，右转 | 21 | 7 | 郊区道路 |
| 8 | 沿路直行，左侧即到达终点 | 0.5 | 8 | 村级道路 |

### DATA

名称：北京四海种植专业合作社（四海种植）
星等级：市级 3 星
地址：北京市延庆县四海镇黑汉岭村
邮编：102107
联系电话：010-60182729
联系手机：13811595281
停车场地：有

珍珠泉留香谷

四海种植专业合作社

四海镇四季花海

# 延庆县 ▶ 万寿菊园区

北京市级 ★ ★ ★

万寿菊园区位于北京市延庆县四海镇，是一家集休闲娱乐，旅游观光，花卉采摘、观赏、加工，亲花体验，餐饮住宿，骑游等为一体的大型都市农业生态园。万寿菊园区以长寿为主题，扩大万寿菊种植3000亩，对四季花海沟域进行整体打造，形成"遍地菊花黄金谷，两岸青山自然神"大地景观，万寿菊园有6770米自行车骑行道及10490米登山步道。

## 推荐理由

万寿菊原产自墨西哥。本园区实施高效栽培、病害综合防治和复合式景观营造技术体系，万寿菊提前两周绽放，花期可持续至"十一"黄金周。半球形的花朵黄澄澄，丰满的花瓣重重叠叠，叶绿花艳，是近两年京郊景观农业建设中表现优良的景观经济作物。

## 采摘品种

万寿菊和玫瑰。

## 顺路玩

**1. 四海镇四季花海**
   详细请见前文 P152。

**2. 珍珠泉留香谷**
   详细请见前文 P152。

## DATA

| | | |
|---|---|---|
| 名称：北京市延庆县四海镇万寿菊园区 | 简称：万寿菊园区 | 坐标值：E40°54'60"，116°36"28" |
| 地址：北京市延庆县四海镇南湾村 | 邮编：101107 | 联系手机：13683194888 |
| 银联卡：现金、刷卡即可 | 停车场地：2个，占地2000平方米 | |

## Day ①

**Day Route**

**日游**

**建｜议｜行｜程**

8:00 健翔桥出发

11:00 可到达万寿菊园区

11:00~13:00 在园区内午餐

13:00~15:00 在园区内观赏、拍照、采摘

15:00 可返程，或前往四海镇四季花海或珍珠泉留香谷游玩

四海镇四季花海　　珍珠泉留香谷

万寿菊园区

延庆县

昌平区

西北六环

京藏高速

北五环

北四环

健翔桥

## 健翔桥→万寿菊园区　详细路书

总里程：114.7 公里

| 编号 | 起点 | 公里数 | 照片编号 | 道路状况 |
|---|---|---|---|---|
| 1 | 北四环健翔桥 | 0 | 1 | 高速公路 |
| 2 | G6 京藏高速（居庸关—八达岭易行驶缓慢） | 3.3 | 2 | 高速公路 |
| 3 | 营城子出口（62 号出口） | 59 | 3 | 高速公路出口 |
| 4 | 沿 S216 直行，右转继续行驶 S216 | 7.5 | 4 | 郊区道路 |
| 5 | 沿 S216 接龙庆路至京张路口，右转至延琉路（永宁方向） | 5.4 | 5 | 郊区道路 |
| 6 | 沿延琉路行驶至永宁东口，左转向刘斌堡、怀柔方向，继续沿延琉路行驶 | 16.4 | 6 | 郊区道路 |
| 7 | 沿延琉路行驶，见前方黑汉岭村、南湾村民俗户牌子，和右侧万寿菊园区牌子，路口右转 | 23 | 7 | 郊区道路 |
| 8 | 沿路直行，即到达终点 | 0.1 | 8 | 村级道路 |

2015 年 北京四季采摘休闲攻略——100 条自驾游

终 极 路 书

# 延庆县 阳光果园

阳光果园位于延庆县龙庆峡景区东 2 公里米粮屯村北部，阳光果园创建于 1999 年，采摘园占地面积 200 亩，容纳 100 人就餐，20 人住宿。阳光果园生产的果品于 2002 年注册了"龙庆峡"牌商标。其产品在延庆县历届展销会和果品擂台赛中均获得奖励。

## 推荐理由

园内设计别致，布局合理，道路通畅，先后引进种植了梨、桃、杏、苹果、葡萄、樱桃等 100 多个国内外名、特、优、新的果品品种，是具有就餐、住宿、娱乐一定接待能力的民俗旅游大院，被北京农村工作委员会、北京市旅游局挂牌为"市级民俗旅游接待户"。

果园 2003 年被北京市果树产业协会"收获金秋、百万市民观光采摘之旅"组委会誉为"北京市观光采摘果园"，果园 2005 年初被延庆县政府批准成为"延庆县阳光果园科普示范基地"。

## 采摘品种

可采摘梨、苹果、葡萄。
特别推荐：特色梨采摘。

## 采摘周期

特别推荐：6 月 20 日至 10 月末有杏、桃、李子、葡萄、梨、苹果；冬季有冷库存；礼品箱苹果；梨批发和零售。

## 顺路玩

**1. 龙庆峡风景区**
详细请见前文 P150。

**2. 妫州牡丹园**
请参见"延庆县——妫州牡丹园"篇。（P150）

吃在庄园：农家饭（人均 80 元）

## Day ①

8:00 健翔桥出发
10:00 可到达阳光果园
10:00~12:00 在园区内游玩、拍照、采摘
12:00~14:00 在园区内午餐品尝农家饭
14:00 可返程，或前往龙庆峡风景区或妫州牡丹园游玩

**1** Day Route
日 游
建 | 议 | 行 | 程

## 健翔桥→阳光果园　详细路书

总里程：90 公里

| 编号 | 起点 | 公里数 | 照片编号 | 道路状况 |
|---|---|---|---|---|
| 1 | 北四环健翔桥 | 0 | 1 | 高速公路 |
| 2 | G6 京藏高速（居庸关—八达岭易行驶缓慢） | 3.3 | 2 | 高速公路 |
| 3 | 营城子出口（62 号出口） | 59 | 3 | 高速公路出口 |
| 4 | 沿 S216 直行，右转继续行驶 S216 | 7.5 | 4 | 郊区道路 |
| 5 | 沿 S216 接龙庆路至京张路口，右转至延琉路（永宁方向） | 5.4 | 5 | 郊区道路 |
| 6 | 沿延琉路行驶至八里店路口，左转进入龙庆峡方向 | 3.0 | 6 | 郊区道路 |
| 7 | 沿路直行，右转进入旧小路（旧县方向） | 6.4 | 7 | 郊区道路 |
| 8 | 沿旧小路直行，至米粮屯桥左转 | 4.0 | 8 | 郊区道路 |
| 9 | 进村直行，见阳光果园牌子右转，即到达终点 | 1.4 | 9 | 村级道路 |

**DATA**

名称：北京市延庆阳光果园　　　简称：阳光果园
星等级：市级 3 星　　　　　　地址：延庆县龙庆峡景区东 2 公里米粮屯村北部
联系手机：15510059117 林经理　E-MAIL：chxni@sohu.com
银联卡：不接受　　　　　　　停车场地：有 50 个车位

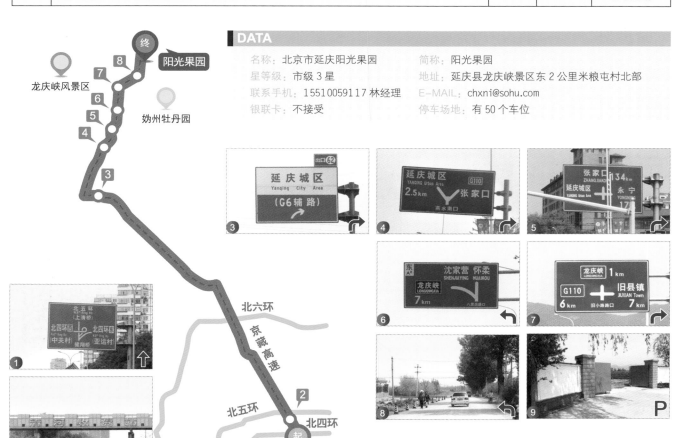

终
极
路
书

# 白羊峪果树种植基地

**延庆县**

北京市级 ★★★

白羊峪果树种植基地位于延庆县旧县镇白羊峪村。地处延庆北山景区观光带，紧邻香龙路与延赤干道，位置优越、交通便利。是集有机果品种植、畜禽养殖、休闲采摘、餐饮娱乐、生态体验于一体的综合农业园区。

## 推荐理由

白羊峪果树种植基地位于香龙路北侧，是华北地区最大的优质国光苹果生产基地。基地的国光苹果含糖量达 16%，比北京市的标准高出 2.5 个百分点，风味甜酸适度，有香气，果核小、果肉细、肉质脆、硬度高，耐储存。

## 采摘品种

国光苹果和富士苹果。

## 采摘周期

国光苹果 10 月 1 日 ~ 11 月 10 日；富士苹果 10 月 1 日 ~ 10 月 30 日。

特别推荐 1：国光苹果。一级果着色率达 75%，果色美观。

特别推荐 2：富士苹果，"白羊峪" 富士苹果，果色红润美观。

### DATA
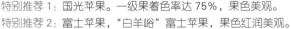

名称：白羊峪果树种植基地

地址：延庆县旧县镇

邮编：102109

联系电话：010-61153318 / 81199328

联系手机：13910122499 / 13241640209

传真：010-81192618

E-MAIL：lumingny@126.com

网址：www.lumingny.com

停车场地：有 40 个停车位

## 顺路玩

### 1. 白河堡水库

得名于明代要塞靖安堡，因靖安堡扼守白河峡谷，俗名白河堡。距延庆县城 30 公里，位于白河干流上，西北与河北赤城县相连。无门票，随时可去游玩。

推荐理由：北京第五大水库和海拔最高的水库（560 米）。

### 2. 妫州牡丹园

请参见"延庆县——妫州牡丹园"篇。（P150）

## Day ①

8:00 健翔桥出发
10:30 可到达白羊峪果树种植基地
10:30~12:00 在园区内游玩、拍照、采摘苹果
12:00~14:00 在园区附近农家院午餐
14:00 可返程，或前往白河堡水库或妫州牡丹园游玩

**1** Day Route
**日 游**
建|议|行|程

## 健翔桥→白羊峪果树种植基地　详细路书

总里程：93 公里

| 编号 | 起点 | 公里数 | 照片编号 | 道路状况 |
|---|---|---|---|---|
| 1 | 北四环健翔桥 | 0 | 1 | 高速公路 |
| 2 | G6 京藏高速（居庸关—八达岭易行驶缓慢） | 3.3 | 2 | 高速公路 |
| 3 | 营城子出口（62 号出口） | 59 | 3 | 高速公路出口 |
| 4 | 沿 S216 直行，右转继续行驶 S216 | 7.5 | 4 | 郊区道路 |
| 5 | 沿 S216 接龙庆路至京张路口，右转至延琉路（永宁方向） | 5.4 | 5 | 郊区道路 |
| 6 | 沿延琉路行驶至八里店东口，左转进入八峪路（旧县、白河方向） | 4.0 | 6 | 郊区道路 |
| 7 | 沿路直行，见耿家营牌子，左转驶入耿白路 | 10 | 7 | 郊区道路 |
| 8 | 沿路直行进入耿家营村，见大葫芦环岛，过环岛右转 | 1.0 | 8 | 村级道路 |
| 9 | 沿路直行，左前方见影壁墙，左转继续驶入耿白路 | 0.2 | 9 | 村级道路 |
| 10 | 沿耿白路直行，见指示牌，右转向昌金路方向，进入香龙路 | 2.0 | 10 | 村级道路 |
| 11 | 沿香龙路直行，左侧即可到达终点 | 1.0 | 11 | 郊区道路 |

注：不推荐 G7 到德胜门 +G110 线路，因为该路段大货车很多，G110 段为盘山公路，路段危险。

白河堡水库
**终** 白羊峪果树种植基地
妫州牡丹园
京藏高速
西六环
五环
环
健翔桥

终
极
略
书

## 延庆县 ＞ 循环农业示范园

北京市级 ★ ★ ★

循环农业示范园（喻海庄园）位于北京市延庆县康庄镇太平庄村，延庆县是一个旅游县城，而喻海庄园更是四周处于各名胜景点之中，南边有八达岭长城、国家野生动物园；北边有妫川森林公园、龙庆峡、世界葡萄大会举办地——张山营，东边有井庄豆腐宴；西边有北京最大也是唯一的原生态草原——康西草原，国家湿地公园——野鸭湖。同时也是世界葡萄大会举办地场所之一，拥有 1000 亩葡萄园，都是有机葡萄，有含香蜜、新华 1 号、巨玫瑰等十二个鲜食品种，一个酿酒品种。拥有 23 个温室大棚，种植各种有机蔬菜以及红颜雪妹、章姬、红袖添香等 6 个草莓品种。具备了冬天采摘草莓，夏天采摘葡萄的优势。喻海庄园具有餐饮、住宿、会议等多项功能。喻海庄园具有媲美酒店的设施，但只是农家院消费水平的价格，还能体验景区宁静的夜晚。喻海庄园是游客旅游休闲的不二之选。

## 推荐理由

先进的大棚技术让春天才能见到的草莓穿越时间搬到了冬天。大棚里季节瞬间转换，一颗颗鲜红诱人的草莓点缀在大片碧翠的绿田上，弯腰摘下一颗放入嘴里，味蕾都被每一颗浓香的浆液喂饱，满口生香，这时，任是凛冽的寒风也不由得温柔如春水，荡漾在暖意融融的温室中。

### 采摘品种

葡萄、草莓、苹果、树莓、野菜、枣、梨和杏。

### 采摘周期

草莓：12 月～次年 5 月，其他果蔬 7 月中旬～10 月中旬
特别推荐 1：葡萄。
特别推荐 2：草莓。

吃在庄园：喻海庄园餐厅，人均 40 元
美食推荐：官厅水库鱼、野味、烤全羊、养生砂锅

住在庄园：大标间 268 元/间，小标间 198 元/间，大炕间 268 元/间，小炕间 198 元/间。豪华包间 688 元/间，豪华套间 888 元/间。
客房设备：空调、液晶电视、热水器、独立浴室、无线 WI-FI、地暖、三星标配。
娱乐设施：有红酒浴、垂钓、台球、乒乓球和卡拉 OK 等。

## Day ① Route 2 日游 建议行程

**Day ①**

8:00 健翔桥出发
9:00 可到达八达岭野生动物园
9:30~11:30 驾车在园区里游玩、拍摄，与动物们零距离
11:30~13:30 在园区周边的农家院午餐

13:30~14:30 驱车前往循环农业示范园，办理入住
14:30~17:30 在庄园内游玩、拍摄
17:30~20:00 在庄园内晚餐
20:00~22:00 自由活动

**Day ②**

8:00~9:00 早餐
9:00~10:00 采摘、退房
10:00 可返程，或前往妫水河公园游玩

## 健翔桥→循环农业示范园　详细路书

总里程：73.9 公里

| 编号 | 起点 | 公里数 | 照片编号 | 道路状况 |
|---|---|---|---|---|
| 1 | 北四环健翔桥 | 0 | 1 | 高速公路 |
| 2 | G6 京藏高速（居庸关—八达岭易行驶缓慢） | 3.3 | 2 | 高速公路 |
| 3 | 营城子出口（62 号出口） | 59 | 3 | 高速公路出口 |
| 4 | 出口向左 G6 辅路调头，南行 | 1.1 | 4 | 注意路口 |
| 5 | G6 辅路，右转进入西官路 | 1.1 | 5 | 郊区道路 |
| 6 | 沿西官路行驶，右转向康张路方向 | 3.4 | 6 | 郊区道路 |
| 7 | 沿路康张路至开发区路口，向左向张山营方向直行 | 2.0 | 7 | 郊区道路 |
| 8 | 继续沿路康张路向张山营方向直行，即到达终点 | 4.0 | 8 | 郊区道路 |

**DATA**

名称：循环农业示范园
地址：北京市延庆县康庄镇太平庄村
邮编：102101
联系电话：010-69130678 / 13501003458 / 15120091327
E-MAIL：kztaipingzhuang@163.com
网址：http://www.dahaijiudian.com
停车场地：有 100 个停车位　　微信订阅号：DaHai-Ycp

循环农业示范园

妫水河公园

京藏高速

八达岭野生动物园

北六环

北五环

北四环

健翔桥

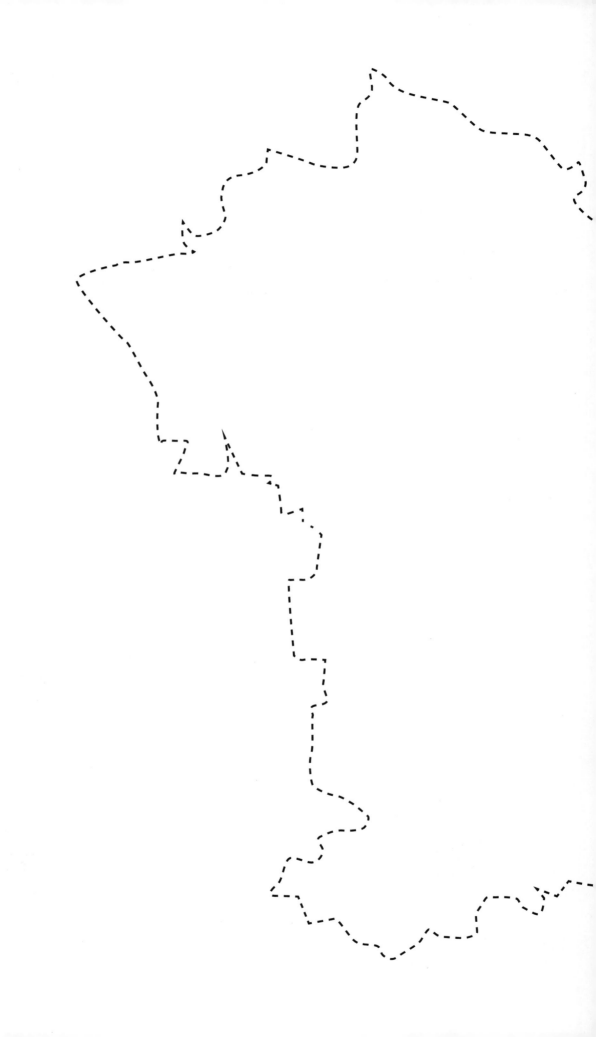

166-167
蓝调庄园

# CHAOYANG DISTRICT

朝阳区

# 朝阳区 蓝调庄园

北京市级 ★★★★★

北京森禾源农业发展有限公司所属的蓝调庄园位于北京市朝阳区金盏乡。初步形成了以薰衣草园观光、农业采摘、特色餐饮、主题客房、薰衣草温泉、婚纱摄影、婚礼策划、婚庆婚宴、青少年科普实践基地、马术俱乐部等多种业态，2014年蓝调庄园投资建设了国内最大、能同时举办21场婚礼的蓝调庄园国际婚礼中心，推出了以婚纱摄影、婚礼策划、婚庆婚宴的一站式婚礼服务，同时为新人提供了国内最大的婚纱摄影内景基地和外景拍摄基地，聚集了北京爱诺国际影城、奥古斯都影城、花海阁婚庆等业内领军企业，打造北京首家喜庆文化产业园，成为大家喜爱的时尚浪漫的休闲农业园。

## 推荐理由

在一片紫色的花海中，点缀着音符、秋千、木船等浪漫的元素，有许多新人在这里拍摄婚纱照，也有很多父母带着孩子来这儿嬉游玩照，处处散发着浪漫温馨的小资情调。

## 采摘品种

音乐草莓、蓝莓和绿色无公害蔬菜等。

## 采摘周期

音乐草莓12月~次年5月；蓝莓6月。
特别推荐1：音乐草莓。
特别推荐2：蓝莓。

吃在庄园：蓝调1号餐饮区、蓝调2号食府。
美食推荐1：生命之源。
美食推荐2：薰衣草香薰妙龄鸡。

## 顺路玩

### 1. 电影博物馆

位于北京市朝阳区南影路9号。

门票：免门票。

开放时间：周二~周日，9:00~16:30，15:30停止取票，16:00停止入馆。周一闭馆。

推荐理由：目前世界上最大的国家级电影专业博物馆。

### 2. 朝阳公园

位于北京市朝阳区农展南路1号。

门票：5元/人。

开放时间：旺季（4~10月）：6:00~22:00，淡季（11~次件3月）6:00~21:00。联系电话：010-65953490。

推荐理由：国家4A级旅游景区。北京市四环以内最大的城市公园。其中沙滩排球场是北京奥运会临时场馆之一。

住在庄园：套间分别1080元，标间分别680元，大、中、小木屋分别为分别2080元、1680元和1080元，会议客房1080元。

配套设施：液晶电视、独立浴室、免费宽频上网。

旅店设施：健身房、室内游泳池、户外足球场、特色温泉、户外滑雪、KTV、果蔬采摘、小蚂蚁儿童农庄、薰衣草园、垂钓、马术俱乐部、拓展训练基地、室内室外婚纱摄影、室内室外婚庆婚宴、商务中心和会议厅。

Day

8:30 朝阳公园桥出发
8:50 可到达蓝调庄园，办理入住
8:50~11:00 在庄园内漫步，欣赏薰衣草园，游玩和拍照
11:00~13:00 在庄园内午餐

13:30~17:30 享受户外体育项目或特色温泉或户外滑雪
17:30~20:00 在庄园内晚餐
20:00~22:00 自由活动

Day ②

8:00~9:00 早餐
9:00~9:30 采摘
9:30 可返程，或前往电影博物馆或朝阳公园游玩

## 朝阳公园桥→蓝调庄园　详细路书

总里程：12.7 公里

| 编号 | 起点 | 公里数 | 照片编号 | 道路状况 |
|---|---|---|---|---|
| 1 | 东四环朝阳公园桥 | 0 | 1 | 城区道路 |
| 2 | 沿姚家园路接机场第二高速，东苇路出口，进入辅路，直接进入最右侧车道 | 10 | 2 | 城区道路 + 高速公路 |
| 3 | 沿辅路行驶至路口，右转至焦沙路 | — | 3 | 郊区道路 |
| 4 | 沿焦沙路行驶至环岛，第三个出口向东高路方向 | 2.0 | 4 | 郊区道路 |
| 5 | 沿东高路行驶，即可到达终点 | 0.7 | 5 | 郊区道路 |

**DATA**

名称：北京森禾源农业发展有限公司（蓝调庄园）
星等级：5 星
地址：北京市朝阳区金盏乡楼梓庄村南
邮编：100018
联系电话：010-65765858
联系手机：13681551335
传真：010-65433158
E-MAIL：Shmilyldzy@163.com
网址：www.landzy.com
银联卡：可用
信用卡：可用（需有银联标志）
停车场地：有 3 个停车场，1368 个车位

184-185
北京格林摩尔农业科技观光

170-171
奥肯尼克农场

172-173
绿源艺景都市农业休闲公园

178-179
乐平御瓜园

186-187
北京桃花园

180-181
老宋瓜园

182-183
李家场食用菌观光园

190-191
圣泽林农业观光

174-175
航天之光观光农业园

188-189
静逸清采摘园

192-193
北京御澜龙川农业观光园

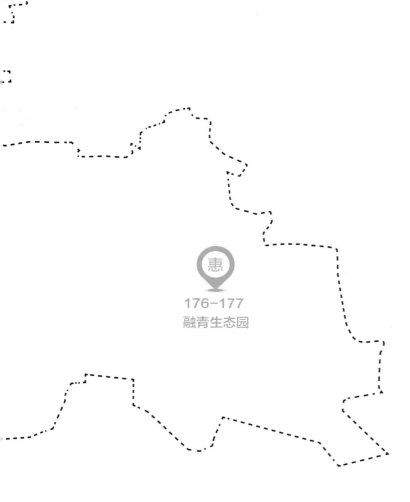

惠
176–177
融青生态园

DAXING DISTRICT

大兴区

# 大兴区 奥肯尼克农场

北京市级 ★★★★

奥肯尼克农场是由英文 "Organic Farm" 音译而来，中文是 "有机农场" 的意思。以 "杜绝污染创造有机" 为核心理念，打造京城最大的私家有机菜园认养基地，让人们走出喧嚣的繁华都市，走进都市的绿色海洋，享受绿色的美食和绿色的生活。农场运用农业设施，以 "还给孩子一个绿色的童年" 为核心，针对孩子重点开发绿色健康的创意活动及拓展运动；同时农场以爱情主题花园为依托，承办欧式草坪婚礼。农场主要包括：日光温室种植的有机蔬菜、西甜瓜、草莓、葡萄采摘区；露地樱桃、冬枣和银杏果采摘区；禽蛋捡拾区；垂钓区；室外体育、休闲娱乐区；婚纱摄影及草坪婚礼区和科技培训、住宿餐饮等七大功能区。

## 推荐理由

农场吃的有自助烧烤、灶台鱼、养生火锅等，玩的夏天有水上乐园，冬天有雪世界，一年四季都有团队拓展、真人 CS。令人流连忘返的是园区的环境——真是一个天然的 "氧" 吧！园区不仅可以采择有机蔬菜，而且还可以认养属于自己的土地，不仅可以体验种植的快乐，还可以体会吃到自己种植的有机蔬菜乐趣。

## 采摘品种

野菜、樱桃、油桃、葡萄、冬枣、李子、西甜瓜、草莓、蓝莓、火龙果、特色养生菜和有机蔬菜。

## 采摘周期

全年。
特别推荐 1：有机草莓。
特别推荐 2：紫背天葵。

吃在庄园：农家生机菜：100 元 / 人；自助烧烤价格为：88 元 / 人；养生自助火锅价格为：88 元 / 人。

美食推荐：生机菜是将无污染蔬菜，在刚刚采摘下来就马上送进厨房，不使用烟熏，烧烤等对人体有害的烹饪工艺；不使用鸡精、色素、香精、防腐剂等化学调味剂和添加剂。

住在庄园：1 室 1 厅，980 元 / 天。

配套设施：液晶电视、独立浴室、免费 WI-FI 上网。
旅店设施：户外健身区、网球场、健身房、室内游泳池、户外网球场、商务中心和会议室。

## 顺路玩

**1. 北京野生动物园**

位于大兴区榆垡镇万亩森林之中，紧临京开路。

门票：80 元 / 人。

开放时间：8：30 ~ 17：30，全年开放。联系电话：010-89216666。

推荐理由：我国第一座以散养方式为主的麋鹿自然保护区。

**2. 中国西瓜博物馆**

位于大兴庞各庄镇。

门票：20 元 / 人。

开放时间：旺季 8：30 ~ 16：30，淡季：9：00 ~ 16：00。联系电话：010-89281181。

推荐理由：国内唯一的西瓜博物馆。

## Day 1

8:00 马家楼桥出发
9:30 可到达野生动物园
9:30~11:30 在野生动物园内游玩、拍照
11:30~13:30 在园内午餐
13:30~14:00 驱车前往中国西瓜博物馆
14:00~16:00 在博物馆内游览

16:00~16:30 驱车前往奥肯尼克农场
16:30~18:00 办理入住，简单园区游览
18:00~20:00 在农场内晚餐，可品尝烧烤
20:00~22:00 自由活动，可享受多种体育设施及游泳

## Day 2

8:00~9:00 早餐
9:00~12:00 在农场内游玩、拍照、采摘
12:00~14:00 在农场内午餐，可品尝养生火锅
14:00 退房后可返程

**2** Day Route 日游 建议行程

# 马家楼桥→奥肯尼克农场　详细路书

总里程：14.6 公里

| 编号 | 起点 | 公里数 | 照片编号 | 道路状况 |
|---|---|---|---|---|
| 1 | 马家楼桥 | 0 | 1 | 市区道路 |
| 2 | 马家楼桥向京开高速大兴南五环、大兴方向 | 0.56 | 2 | 市区道路 |
| 3 | 京开高速西红门收费站 | 3.5 | 3 | 高速公路 |
| 4 | 京开高速向南五环（西）方向 | 0.3 | 4 | 高速公路 |
| 5 | 南五环内环 | 1.0 | 5 | 高速公路 |
| 6 | 南五环京良路芦城狼垡出口 | 3.3 | 6 | 市区道路 |
| 7 | 右京良路狼垡方向转 | 0.34 | 7 | 市区道路 |
| 8 | 左良乡方向转 | 0.1 | 8 | 市区道路 |
| 9 | 左芦城南六环方向转 | 2.1 | 9 | 市区道路 |
| 10 | 右鹅房左堤路奥肯尼克农场方向 | 2.3 | 10 | 市区道路 |
| 11 | 黄鹅路直行并抵达终点 | 1.1 | 11 | 村镇人多道路 |

## DATA

名称：北京都市绿海兴华观光农业有限公司
简称：奥肯尼克农场
星等级：市级 4 星
GPS：N9°44'18"，E116°15'35"
地址：北京市大兴区黄村镇鹅房村
　　　村委会南 500 米
邮编：102600
联系电话：010-61233399
联系手机：13911114510
传真：010-61233399
E-MAIL：gyh4510@126.com
网址：www.my-organic-farm.com
银联卡：可用
信用卡：VISA，MASTER，JCB 和 AE 卡
停车场地：有 300 个停车位

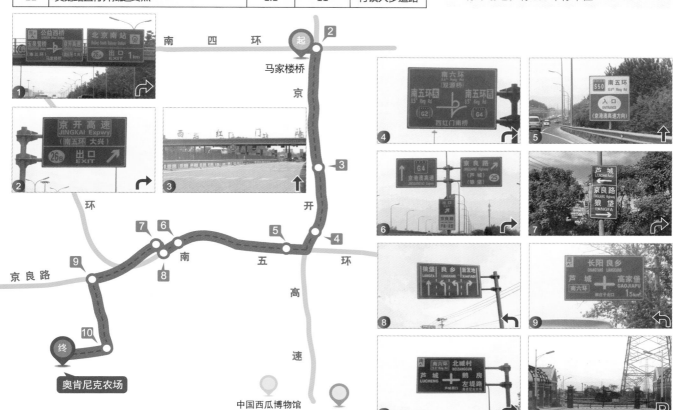

# 大兴区 绿源艺景都市农业休闲公园 北京市级 ★★★★★

北京绿源艺景都市农业休闲公园位于大兴区魏善庄镇王各庄村村北，涵盖两个产业及观光旅游和花卉苗木，既是一座集生产、销售、服务、科研于一体的产业功能园区，也是集观光、休闲、采摘、餐饮、住宿、垂钓、紫砂、书画、会议、拓展训练于一体的服务功能区，另外还有一个大型户外婚礼广场，可同时接待 1000 人。现有有机果品达 30 种，有机蔬菜达 100 种，优质盆景、高档花卉 100 余种，是城南最大精品观赏鱼之王锦鲤养殖基地，华北地区最大的三角梅生产销售基地，寿光一边倒树形北京示范基地、北京中小学农业科技体验基地、北京市大专院校实习基地。

## 推荐理由

这里的房车可以说就是装了轮子的欧式情调木屋别墅，内部备有客房、客厅、厨房、卫生间、家具家电，居住舒适方便。此外，这里是观光、休闲、采摘、餐饮、住宿于一体的服务功能区。无论是冬季休闲、全家度假、拓展训练、老友聚会还是公司年会，都可以考虑这里。这里还推出了自产绿色食品高端配送服务。
2015 年新项目有：儿童娱乐（旋转木马、蹦极、小火车，水上娱乐、熊猫照相）欧式酒窖、酒吧、会议、休闲台球、欧式室内婚礼、草坪婚礼广场、跑马场、卡丁车、青少年拓展（高空、低空）和真人 CS 等。

## 采摘品种

可采摘奶油草莓、野菜、樱桃、苹果、油桃、核桃、水晶梨、葡萄、黑花生、山楂、养生蔬菜和黄杏等。

## 采摘周期

一年四季。

特别推荐 1：奶油草莓、油桃。
特别推荐 2：养生蔬菜、富硒黑花生。

吃在庄园：人均 50 元。
美食推荐 1：秘制烧鸽和烤全羊。
美食推荐 2：炖大鱼。

住在庄园：有房车别墅、木屋客栈、公寓标间。
配套设施：空调、独立卫浴、液晶电视、阁楼。
旅店设施：书画院、乒乓球室、会议室、户外篮球场、垂钓、自助烧烤、茶室和咖啡屋等。

## 顺路玩

**1. 北京北普陀影视城**
位于大兴区南宫村。
门票：32 元 / 人。
开放时间：旺季：9：00 ～ 19：00，淡季：9：00 ～ 19：00。
联系电话：010-69279999。
推荐理由：《天桥梦》《还珠格格》《雍正王朝》《大宅门》《康熙微服私访记》《铁齿铜牙纪晓岚》《五月槐花香》等 700 多部影视剧的实拍场地玩儿玩。

**2. 中国西瓜博物馆**
详细请见前文 P170。

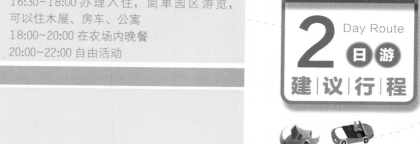

## Day ① 

8:00 马家楼桥出发
9:00 可到达北普陀影视城
9:00~11:30 在北普陀影视城内游玩、拍照
11:30~13:30 在北普陀影视城内午餐
13:30~14:00 驱车前往中国西瓜博物馆
14:00~16:00 在博物馆内游览

16:00~16:30 驱车前往绿源艺景都市农业休闲公园
16:30~18:00 办理入住，简单园区游览，可以住木屋、房车、公寓
18:00~20:00 在农场内晚餐
20:00~22:00 自由活动

## Day ②

8:00~9:00 早餐
9:00~11:00 在园内游玩、拍照、采摘
12:00~14:00 在园内午餐、退房
14:00 可返程

2 Day Route 日游
建|议|行|程

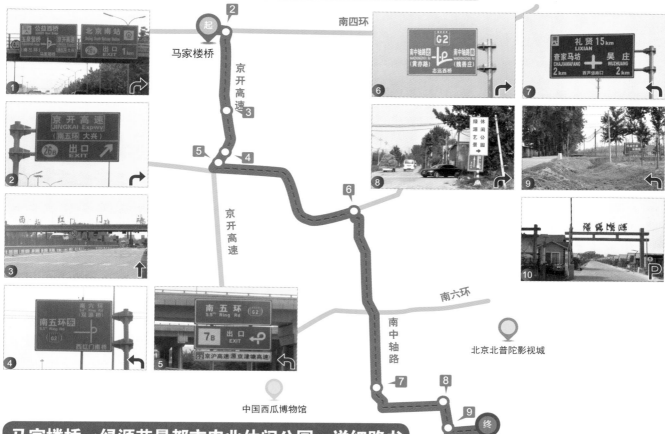

## 马家楼桥→绿源艺景都市农业休闲公园　详细路书

总里程：28.46 公里

| 编号 | 起点 | 公里数 | 照片编号 | 道路状况 |
|---|---|---|---|---|
| 1 | 马家楼桥 | 0 | 1 | 市区道路 |
| 2 | 马家楼桥向京开高速大兴南五环、大兴方向 | 0.56 | 2 | 市区道路 |
| 3 | 京开高速西红门收费站 | 3.5 | 3 | 高速公路 |
| 4 | 京开高速向南五环（东）方向 | 2.6 | 4 | 高速公路 |
| 5 | 南五环外环 | 0.3 | 5 | 高速公路 |
| 6 | 南五环南中轴路出口 | 6.2 | 6 | 市区道路 |
| 7 | 西芦垡路口左转查家马坊方向 | 8.4 | 7 | 市区道路 |
| 8 | 见路侧绿源艺景都市休闲公园路牌右转进入小路 | 5.1 | 8 | 小路烂路 |
| 9 | 见路侧绿源艺景都市休闲公园路牌左转进入小路 | 1.2 | 9 | 小路烂路 |
| 10 | 沿小路直行抵达绿源艺景都市农业休闲公园 | 0.9 | 10 | 小路 |

### DATA

名称：绿源艺景都市农业休闲公园
地址：北京市大兴区魏善庄镇王各庄村北800米
邮编：102611
联系电话：010-89201211/89203666
联系手机：13426380943
传真：010-89203222
E-MAIL：Lvyuanyijing@163.com
网址：www.lvyuanyijing.com
银联卡：可用　　　　　　停车场地：有
采摘接待电话：010-89203666/1211
餐饮订餐电话：010-89202666/89237682
客房预定电话：010-89203222
一分田种植体验电话：010-89201555/1116

终
极
路
书

# 大兴区 航天之光观光农业园 北京市级 ★★★★

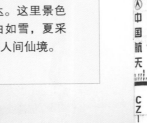

北京航天之光观光农业园位于风景秀丽的北京大兴庞各庄梨花庄园万亩梨园之中。占地385亩，是一个以梨文化为底蕴，以航天科技为主题的综合性园区。这里交通便利，距长安街仅30公里，京开高速直达。这里景色宜人，春赏梨花洁白如雪，夏采香梨甘甜如蜜，宛如人间仙境。

## 推荐理由

这里春赏梨花，秋季采摘，还是国内第一家以电影、图文展览、实物模型展示、电子触摸互动、航天农业观光采摘等形式全面介绍中国航天及世界航天发展历程的综合性教育基地，打破传统的参观模式，让我们亲身参与其中，震撼与感受更加强烈。

## 采摘品种

白薯、胡萝卜和梨。

## 采摘周期

9月~11月。
特别推荐1：奶油草莓、油桃。
特别推荐2：养生蔬菜、富硒黑花生。

吃在庄园：在太空餐厅品航天美食。

## 顺路玩

1. 中国西瓜博物馆
   详细请见前文 P170。

2. 中国印刷博物馆
   详细请见前文 P132。

## Day ①

8:00 马家楼桥出发
9:00 可到达航天之光观光农业园
9:00~12:00 在园内游玩、拍照、采摘
12:00~14:00 在园内太空餐厅尽享航天午餐
14:00 可返程，或前往中国印刷博物馆或中国西瓜博物馆游览

**1** Day Route
日 游
建|议|行|程

### DATA

名称：北京航天之光观光农业园有限
　　　责任公司
简称：航天之光
星等级：市级 4 星
地址：北京市大兴区庞各庄镇赵村村
　　　东口北侧
邮编：102601
联系电话：010-89259122
传真：010-89259122
E-MAIL：lihuazhuangyuan@163.com
停车场地：有 50 个停车位

## 马家楼桥→航天之光观光农业园　详细路书

总里程：66 公里

| 编号 | 起点 | 公里数 | 照片编号 | 道路状况 |
|---|---|---|---|---|
| 1 | 马家楼桥 | 0 | 1 | 市区道路 |
| 2 | 马家楼桥向京开高速大兴南五环、大兴方向 | 0.56 | 2 | 市区道路 |
| 3 | 京开高速西红门收费站 | 3.5 | 3 | 高速公路 |
| 4 | 京开高速岳各庄庞安路安定出口进入辅路 | 18.5 | 4 | 郊区道路 |
| 5 | 薛营桥路口右转定福庄方向 | 3.5 | 5 | 郊区道路 |
| 6 | 定福庄路口左转榆垡方向 | 4.6 | 6 | 郊区道路 |
| 7 | 福上村路口右转赵树方向 | 1.4 | 7 | 郊区道路 |
| 8 | 沿赵安路行驶至航天之光观光农业园 | 2.6 | 8 | 郊区道路 |

终 极 路 书

## 大兴区 ▶ 融青生态园

**国家级** ★★★★

北京融青生态农业有限公司现已建成集立体种植基地、生态食材餐桌体验、设施农业展示、生物技术研发、生态科普教育、益生菌生态农场、都市农业旅游观光等项目于一体的高标准现代都市农业生态园区——融青生态园。

园区运用自己独有的益生菌专利打造千亩联栋农业设施，配备相应的餐饮、住宿、采摘、垂钓、水上休闲娱乐等休闲项目设施，集千人餐厅、露天会场、咖啡厅、书画间、面积170平方米的总统套和标间的住宿体验等特色项目于一体。幽雅的环境，淳朴的田园风光，大面积的人工湖，锦鳞游泳、鸟儿翱翔，怡人的风景及独特的建筑将融青生态园构筑成了一个人与自然相契合的完美组合。

## 推荐理由

融青生态园有特色有机葡萄、蔬菜大棚，游客可入棚参观、采摘，体验劳动的快感和田园生活乐趣。

## 采摘品种

有机葡萄、有机蔬菜。

特别推荐1：金手指葡萄。属欧美杂交种，含糖量20%～22%，甘甜爽口，有浓郁的冰糖味和牛奶味。

特别推荐2：巨玫瑰葡萄。巨玫瑰葡萄果穗圆锥形，有独特的玫瑰花香味，果实脆甜，俗称香葡萄。

## 采摘周期

有机葡萄8月～10月；有机蔬菜3月～8月。

## 顺路玩

**1. 番茄联合国**

请参见"番茄联合王国（通州区金福艺农）"篇。（P98）

**2. 第五季龙水凤港生态露营农场**

请参见"中国青少年成长教育基地——第五季龙水凤港生态露营农场（通州区）"篇。（P104）

**住在庄园**：四星级标准（两床）40平方米间1080元/天；套间（大床）90平方米2080元/天。

**配套设施**：液晶电视、独立浴室、免费宽频上网。

**旅店设施**：户外羽毛球室、室内兵乓球室、会议室、户外垂钓和生态采摘。

**吃在庄园**：融青生态餐厅，最低消费40元/人。

美食推荐1：融青有机鲤鱼。选用融青有机养殖的鲤鱼，精心烹调，红烧、干烧、侉炖，都能保持鱼嫩鲜香，汁浓味美，回味无穷。

美食推荐2：融青状元鸡。选用融青园区内生长期在一年左右的有机散养鸡为原料，肉质细嫩，滋味鲜美，经过精心烹制后，鸡香脆鲜嫩，色泽明艳。

美食推荐3：侉炖大片豆腐。融青改良原有南北豆腐的做法，运用自有益生菌专利发明益生菌豆腐，营养价值更高。

美食推荐4：芥辣蒜香奇味牛仔粒。精选融青外埠基地上等牛肉，块大肉嫩，结合特制的烹调方法，在保留牛肉营养价值的同时，使其具有芥辣蒜香、奇味独特。

## Day ① 建议行程

8:00 从十八里店北出发
9:00 可到达第五季龙水凤港生态露营农场或番茄联合国
9:00~12:00 在景区内游玩、拍照
12:00~16:00 在景区内午餐

16:00~16:30 驱车前往融青生态园
16:30~17:30 办理入住
17:30~20:00 在生态园内晚餐
20:00~22:00 自由活动

## Day ② 建议行程

8:00~9:00 早餐
9:00~12:00 在园区内体验开心农场、采摘新鲜果蔬
12:00~14:00 在生态园内午餐、退房
14:00 返程

2 Day Route 日游 建议行程

## 十八里店北桥→融青生态园 详细路书

总里程：30.7 公里

| 编号 | 起点 | 公里数 | 照片编号 | 道路状况 |
|---|---|---|---|---|
| 1 | 东四环十八里店北桥 | 0 | 1 | 城区道路 |
| 2 | 驶入 G2 京沪高速 | 1.0 | 2 | 高速公路 |
| 3 | 沿 G2 京沪高速行驶，经大羊坊收费站领卡，继续沿 G2 京沪高速行驶 | 1.0 | 3 | 高速公路 |
| 4 | 采育出口 | 25.3 | 4 | 高速公路 |
| 5 | 出收费站后，红绿灯路口，右转 G104/采育方向 | 0.2 | 5 | 高速公路出口 |
| 6 | 沿 G104 行驶，见探头位置，路左侧即可到达终点 | 3.2 | 6 | 郊区道路 |

### DATA

名称：北京融青生态园
地址：北京市大兴区采育镇采林路融青生态园
邮编：102606
联系电话：400-6968567；010-80277268
传真：010-80271355
网址：www.ronking.cn
银联卡：可用
信用卡：可用带有"银联标识"的信用卡
停车场地：有 300 个停车位

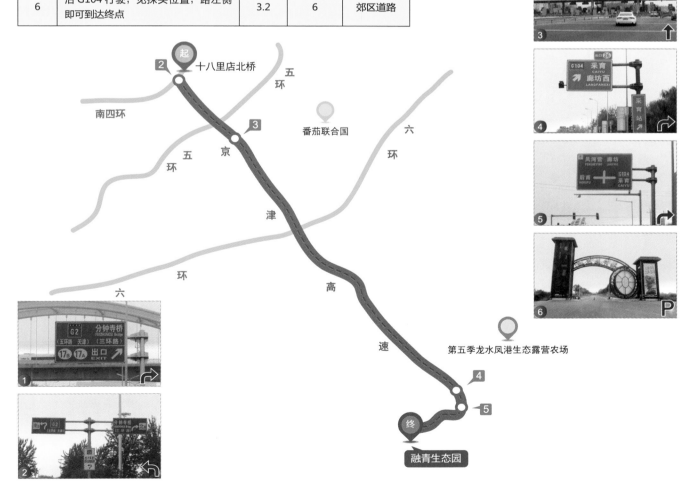

# 乐平御瓜园

北京市级 ★★★

乐平御瓜园坐落于"中国西瓜之乡"庞各庄镇，成立于 1997 年，是一个集观光采摘、农事体验、科技展示、科普教育、餐饮娱乐、生态种植为一体的综合生态旅游观光园区。乐平御瓜园在全国形成了占地 3 万多亩的有机西甜瓜、水果、蔬菜生产基地，在山东昌乐、浙江温岭、海南三亚、大连金州、辽宁新民建立了 5 个外埠西瓜基地，产品远销全国各地。乐平御瓜园采用"合作社 + 基地 + 农户"的标准化运作模式，以"以质求存，志在富民"为理念，创建优秀品牌，形成"一个龙头、带动一方百姓"的示范推广作用，辐射带动周边 3000 多户瓜农走上了致富道路。乐平御瓜园集旅游、科普、体验、传播、展示、示范推广等功能于一体。

## 推荐理由

瓜园是一个大学的农学专业的实习基地，有专人讲解。采摘园像一个博物馆似的，同时又是一个大温室。里面有各种各样的植物，以西瓜的品种最多。平时我们看到的瓜都在地里长着，这里的瓜有种在花盆里的，也有的像黄瓜一样，长在架子上的，令人大开眼界。

## 采摘品种

西瓜、甜瓜和特菜。

## 采摘周期

4 月 20 日 ~ 7 月 15 日、9 ~ 10 月。
特别推荐 1：小型西瓜（L600、超越梦想等）。
特别推荐 2：中果型西瓜（麒麟、京欣二号）。

## 顺路玩

**1. 北京野生动物园**
详细请见前文 P170。

**2. 麋鹿苑**
又名北京麋鹿生态实验中心、北京生物多样性保护研究中心。位于大兴区南海子麋鹿苑。
门票：30 元 / 人。
开放时间：9：00 ~ 16：00。联系电话：010-87962105 / 87918537。
推荐理由：我国第一座以散养方式为主的麋鹿自然保护区。

吃在庄园：御瓜宴，100 元。

美食推荐 1：花开富贵。用西瓜的鲜花作为主要材料，软炸而成。
美食推荐 2：天鹅蛋西瓜皮。该菜品选用西瓜皮及天鹅蛋作为主要材料，烹炒而成。

## Day ①

**Day Route 日游 建议行程**

8:00 马家楼桥出发
9:30 可到达北京野生动物园或麋鹿苑
9:30~12:00 在景区内游玩、拍照，与动物亲密接触
12:00~14:00 在景区内午餐
14:00~14:30 驱车前往乐平御瓜园
14:00~16:00 在园内游玩、拍照、采摘
16:00 可返程

### ▌DATA

地址：乐平御瓜园
地址：北京市大兴区庞各庄镇四各庄村委会
　　　南 100 米
邮编：102601
联系电话：010-89288556
联系手机：13264098716
传真：89281856
E-MAIL：Lpxgsss001@126.com
网址：www.lpxg.com.cn
银联卡：可用
信用卡：可用
停车场地：有 40 个停车位

### 马家楼桥→乐平御瓜园　详细路书

总里程：25.91 公里

| 编号 | 起点 | 公里数 | 照片编号 | 道路状况 |
|---|---|---|---|---|
| 1 | 马家楼桥 | 0 | 1 | 市区道路 |
| 2 | 马家楼桥向京开高速大兴南五环、大兴方向 | 1.24 | 2 | 市区道路 |
| 3 | 京开高速 | 20.64 | 3 | 城市快速路 |
|  | 高速公路 | 0.5 | 4 | 国道道路 |
| 4 | 庞各庄出口进入京开路 | 0.28 | 4 | 高速公路 |
| 5 | 京开路到庞各庄桥左转进入苗圃路 | 0.43 | 5 | 市区道路 |
| 6 | 苗圃路 | 2.7 | 6 | 村级道路 |
| 7 | 苗圃路过铁道桥，路口右转 | 0.1 | 7 | 村级道路 |
| 8 | 到达乐平御瓜园 | 0.02 | 8 | 村级道路 |

马家楼桥
起 ②
③
南五环
麋鹿苑
南六环
④ ⑤ 乐平御瓜园 终
⑥ ⑦
北京野生动物园

**代金券** 惠
西瓜、特菜、杂粮、
糯玉米等一系列优质
农产品礼盒 9 折
* 截止 2015 年 12 月 31 日

微信扫一扫
获取电子优惠券

# 大兴区 老宋瓜园

北京老宋瓜果合作社成立于2007年11月，以产业化经营为发展模式，以科研开发、试验示范、生产销售、观光采摘为主的经营板块组合，集多种功能于一体的高新科技企业。多年来，将积累的传统经验与现代科学技术不断融合发展，形成了老宋瓜王知名的合作社品牌和产品品牌，享誉京城海内外。

## 推荐理由

在北京，提起西瓜，首选大兴；提起大兴，则会想起老宋瓜园，这里的西瓜是品牌货，注册了商标。老宋瓜园是座现代化的农业园区，除了露天的瓜地外，有大小20多个大棚。迷你小西瓜特别可爱，果肉甜脆。西瓜树更能令你大开眼界。

## 采摘品种

西瓜、甜瓜、木瓜、火龙果、芭蕉、空中甘薯、百香果、南瓜、葡萄、花叶传统心里美、蛇豆、水果苤蓝、木耳菜、油菜、菠菜、结球生菜、番茄、茄子等

## 采摘周期

5 ~ 10月。

特别推荐1：西瓜采摘。

特别推荐2：亲子一日游。绿野仙踪，西瓜城堡探秘，西瓜籽创意拼图，育苗体验，瓜秧认领，家庭西瓜搬运赛……家长与孩子满载快乐与幸福。

## 顺路玩

1. 麋鹿苑

   详细请见前文 P178。

2. 北京野生动物园

   详细请见前文 P170。

## Day ①

8:00 马家楼桥出发
9:30 可到达北京野生动物园或麋鹿苑
9:30~12:00 在景区内游玩、拍照，与动物亲密接触
12:00~14:00 在景区内午餐
14:00~14:30 驱车前往乐平御瓜园
14:00~16:00 在园内游玩、拍照、采摘
16:00 可返程

**1** Day Route
日 游
建|议|行|程

终 极 路 书

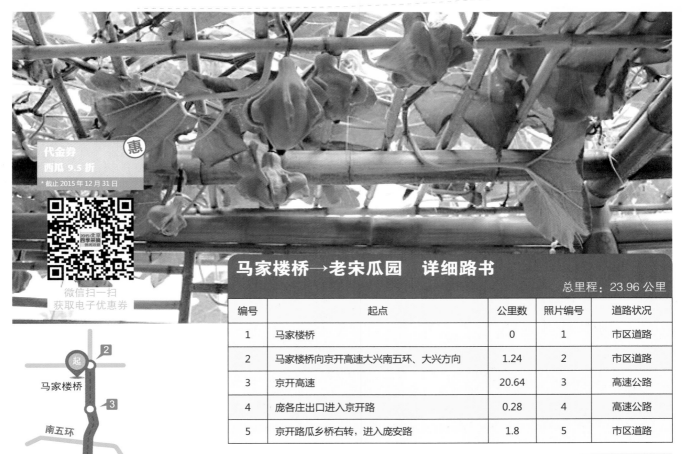

代金券
西瓜 9.5 折
* 截止 2015 年 12 月 31 日

惠

微信扫一扫
获取电子优惠券

### 马家楼桥→老宋瓜园　详细路书

总里程：23.96 公里

| 编号 | 起点 | 公里数 | 照片编号 | 道路状况 |
|---|---|---|---|---|
| 1 | 马家楼桥 | 0 | 1 | 市区道路 |
| 2 | 马家楼桥向京开高速大兴南五环、大兴方向 | 1.24 | 2 | 市区道路 |
| 3 | 京开高速 | 20.64 | 3 | 高速公路 |
| 4 | 庞各庄出口进入京开路 | 0.28 | 4 | 高速公路 |
| 5 | 京开路瓜乡桥右转，进入庞安路 | 1.8 | 5 | 市区道路 |

**DATA**

名称：老宋瓜园　　　　　　　地址：北京市大兴区庞各庄镇瓜乡桥向东 2 公里路北
邮编：102601　　　　　　　 联系电话：010-89282866
联系手机：13811968124　　　E-MAIL：laosongguayuan@sina.com
网址：www.laosongguawang.com　停车场地：有 100 个停车位

起 ②
马家楼桥
③
南五环
麋鹿苑
南六环
④
⑤ 终 老宋瓜园
北京野生动物园

# 李家场食用菌观光园

**大兴区** | 北京市级 ★ ★ ★

　　李家场食用菌观光园由北京李家场农产品产销专业合作社投资建设，位于李家场村西，地处磁大路与庞安路交汇处，交通便利。周边景区景点众多，有派尔庄园、万亩梨园、半壁店森林公园、星明湖度假村等。园内建有食用菌科普展示厅、食用菌品尝厅、食用菌采摘厅、儿童戏水馆、水果采摘园、休闲垂钓鱼池等多项娱乐休闲设施。是集菌类生产、加工、示范、观光、采摘、餐饮、休闲、科普为一体的综合型菌类观光园。

## 👍 推荐理由

　　李家场村绿树成荫、鸟语花香，茂密的树木围绕着整个村庄，除了菌类，还有梨、桃等可以采摘。在农家院里吃顿无污染的饭，享受享受幽静的田园生活。

## 采摘品种

　　精品梨和食用菌。

## 采摘周期

　　精品梨 8 ~ 10 月，食用菌全年。

特别推荐 1：精品梨。绿色无公害的食品。

特别推荐 2：食用菌（蘑菇）香菇、金针菇、平菇、茶树菇等均通过了有机食品认证。

## 顺路玩

**1. 北京野生动物园**

　　详细请见前文 P170。

**2. 麋鹿苑**

　　详细请见前文 P178。

吃在庄园：蘑菇宴，人均 80 元。

美食推荐 1：李家场"蘑菇宴"采用李家场食用菌基地的优质鲜蘑为主料，配以当地时令蔬菜、新鲜野菜，用童子鸡汤锅或牛排汤锅涮食。

## Day ①

8:00 马家楼桥出发
9:30 可到达北京野生动物园或麋鹿苑
9:30~12:00 在景区内游玩、拍照，与动物亲密接触
12:00~14:00 在景区内午餐
14:00~14:30 驱车前往李家场食用菌观光园
14:00~16:00 在园内游玩、拍照、采摘
16:00 可返程

**1** Day Route
日 游
建│议│行│程

## 马家楼桥→李家场食用菌观光园　详细路书

总里程：30.52 公里

| 编号 | 起点 | 公里数 | 照片编号 | 道路状况 |
|---|---|---|---|---|
| 1 | 马家楼桥 | 0 | 1 | 市区道路 |
| 2 | 马家楼桥向京开高速大兴南五环、大兴方向 | 1.24 | 2 | 市区道路 |
| 3 | 京开高速 | 20.64 | 3 | 高速公路 |
| 4 | 庞各庄出口进入京开路 | 0.28 | 4 | 高速公路 |
| 5 | 京开路瓜乡桥右转，进入庞安路 | 1.8 | 5 | 市区道路 |
| 6 | 庞安路左转，进入东大路 | 5.36 | 6 | 市区道路 |
| 7 | 东大路直行，到达终点 | 1.2 | 7 | 市区道路 |

### DATA

名称：李家场食用菌观光园
邮编：102611
联系手机：13910791559
E-MAIL：Lijiachang123@sohu.com

地址：北京市大兴区魏善庄镇李家场村村西（南中轴路与庞安路交汇路口东北侧）
联系电话：010-89235299
传真：010-89236070
停车场地：有100个停车位

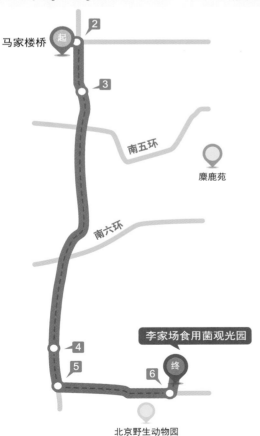

# 大兴区 ▸ 北京格林摩尔农业科技观光园 　北京市级 ★ ★ ★

北京格林摩尔农业科技观光园位于大兴区瀛海镇，坐落在风景优美的南海子公园旁，占地 200 多亩，可同时容纳 1000 人就餐，300 人住宿，交通便利，风景优美。

## 👍 推荐理由

环境非常好，一进入院内有种世外桃源的感觉，自制的豆腐味浓鲜美。观光园离北普陀影视城和麋鹿苑都近，可以顺便玩玩。

## 顺路玩

**1. 北京北普陀影视城**

　　详细请见前文 P172。

**2. 麋鹿苑**

　　详细请见前文 P178。

住在庄园：单间 258 元 / 天；标准间 258 元 / 天；三人房 388 元 / 天；套房 398 元 / 天；豪华套房 1698 元 / 天。

客房设备：空调、液晶电视、独立卫浴和免费宽频上网。

旅店设施：户外网球场、会议室和商务中心。

吃在庄园：北京格林摩尔美食文化苑，68 元 / 人。

美食推荐 1：火盆锅豆腐宴。

美食推荐 2：地锅鸡。用土鸡制作。土鸡也叫草鸡、笨鸡，是指放养在山野林间、果园的肉鸡。

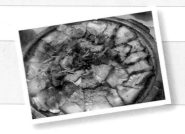

## Day ① 

8:00 榴乡桥出发
9:30 可到达北普陀影视城或麋鹿苑
9:30~12:00 在园内游玩、拍照
12:00~14:00 在园内午餐
14:00~14:30 驱车前往北京格林摩尔农业

科技观光园
14:30~17:30 在园内游览，办理入住
17:30~20:00 在园内晚餐
20:00~22:00 自由活动

## Day ②

8:00~9:00 早餐
9:00~12:00 在园内游玩、拍照、采摘
12:00~14:00 在园内午餐、退房
14:00 可返程

**2 Day Route 日游 建议行程**

## 榴乡桥→北京格林摩尔农业科技观光园　详细路书

总里程：13.3公里

| 编号 | 起点 | 公里数 | 照片编号 | 道路状况 |
|---|---|---|---|---|
| 1 | 南四环榴乡桥 | 0 | 1 | 城市快速路 |
| 2 | 沿德贤路快速路行驶至德茂桥，盘桥进入南五环路外环方向 | 5.2 | 2 | 城市快速路 |
| 3 | 沿南五环路行驶至旧忠桥出口 | 2.5 | 3 | 城市快速路 |
| 4 | 出口右转进入旧忠路，接入 G104 | 0.5 | 4 | 国道道路 |
| 5 | 沿 G104 行驶至小三槐堂路口，左转，瑞合庄方向 | 3.0 | 5 | 国道道路 |
| 6 | 沿路直行，见格林摩尔路牌，右转 | 0.8 | 6 | 郊区道路 |
| 7 | 沿路直行，即可到达终点 | 1.3 | 7 | 郊区道路 |

**▌DATA**

名称：北京格林摩尔农业科技观光园
邮编：100076
联系手机：13810822139
E-MAIL：BJGREENMALL168@163.COM
银联卡：可用

地址：北京市大兴区瀛海镇笃庆堂村北格林摩尔
联系电话：010-57028868，010-57028858
传真：010-69284173
网址：WWW.BJGREENMALL.CN
信用卡：可用 VISA 及各种银联信用卡　停车场地：有 200 个停车位

代金券
住宿 7 折
餐厅消费满 100 元返 30 元
代金券（赠餐厅使用）
* 截止 2015 年 12 月 31 日

微信扫一扫
获取电子优惠券

北京北普陀影视城

终极路书

# 大兴区 ▶ 北京桃花园

北京桃花园建于 2011 年 11 月，被评为"北京市休闲农业三星园区""2011 年国家综合开发设施蔬菜"项目、"无公害蔬菜生产基地""北京科普基地""海淀区社会大课堂实践基地"。桃花园园区文化包括茶文化、饮食文化、国学文化、武术俱乐部、农耕文化、健康文化、旅游文化、感恩教育、科普教育、商务流通和养生住宿。桃花园是中央电视台微电影汉文化频道拍摄基地，参与拍摄了《爱》《善》等多部微电影。

## 推荐理由

环盆栽蔬菜、压花艺术、北魏美食、茶艺、国学书画、中央电视台微电影汉字文化频道拍摄的《爱》等，都是这里的特色。最能培养孩子们动手能力的则推荐压花 DIY。

## 采摘品种

盆栽蔬菜、草莓、果类菜和叶类菜。

## 采摘周期

盆栽蔬菜、果类菜、叶类菜一年四季；草莓 1 月~ 4 月。

特别推荐 1：盆栽蔬菜。盆栽蔬菜是药食同源的特菜，还可在阳台种植。

特别推荐 2：草莓。

住在庄园：标间 220 元，三人间 210 元，四人间 360 元，五人间 300 元。

客房设备：标间和四人间有独立浴室。

## 顺路玩

**1. 北京北普陀影视城**
　 详细请见前文 P172。

**2. 麋鹿苑**
　 详细请见前文 P178。

吃在庄园：北魏美食，55 元 / 人。

美食推荐 1：酸汤鱼。

美食推荐 2：秋葵汤。秋葵含有特殊的具有药效的成分，能强肾补虚，是一种适宜的营养保健蔬菜。

## Day ①

8:00 马家楼桥出发
9:30 可到达北普陀影视城或麋鹿苑
9:30~12:00 在园内游玩、拍照
12:00~14:00 在园内午餐

14:00~14:30 驱车前往北京桃花园
14:30~17:30 在园内游览，办理入住
17:30~20:00 在园内晚餐
20:00~22:00 自由活动

## Day ②

8:00~9:00 早餐
9:00~10:00 采摘、退房
10:00 可返程

2 Day Route
日 游
建|议|行|程

## 马家楼桥→北京桃花园　详细路书

总里程：30.52 公里

| 编号 | 起点 | 公里数 | 照片编号 | 道路状况 |
|---|---|---|---|---|
| 1 | 马家楼桥 | 0 | 1 | 市区道路 |
| 2 | 马家楼桥向 S12 京开高速大兴南五环、大兴方向 | 1.24 | 2 | 市区道路 |
| 3 | S12 京开高速 | 20.64 | 3 | 高速公路 |
| 4 | 庞各庄出口进入京开路 | 0.28 | 4 | 高速公路 |
| 5 | 京开路瓜乡桥右转，进入庞安路 | 1.8 | 5 | 市区道路 |
| 6 | 庞安路左转，进入东大路 | 5.36 | 6 | 市区道路 |
| 7 | 东大路直行，到达终点 | 1.2 | 7 | 市区道路 |

### DATA

名　称：北京桃花园　　　　　地址：北京市大兴区魏善庄镇礼花厂南 500 米
邮　编：102600　　　　　　　联系电话：010-89266503
联系手机：13693083318　　　E-MAIL：taohuanyuancui@126.com
银联卡：可用　　　　　　　　信用卡：可用　　停车场地：可提供停车位 180 个

代金券
采摘 8 折
餐饮 9.5 折
* 截止 2015 年 12 月 31 日

微信扫一扫
获取电子优惠券

2015年 北京四季采摘休闲攻略——100 条自驾游

终
极
路
书

187
page

# 大兴区 > 静逸清采摘园

北京市级 ★ ★ ★

静逸清采摘园是祥居集团的主要成员和对外宣传的重要窗口。它坐落在"中国西瓜之乡"、美丽富饶的京南重镇——庞各庄，集采摘、垂钓、餐饮、住宿、娱乐、休闲、度假、观光、书画展、学农体验、民间艺术体验、拓展训练、真人CS、会议培训等功能于一身。园内建有2公里长地瓜果长廊、2个太阳能展示温室、31个日光温室、45个以色列塑料大棚、梅花鹿苑、鸟巢、民族画廊、中小学生科普教育基地、有机香椿示范种植基地、儿童乐园、KTV练歌房、棋牌室等观光及娱乐设施。静逸清采摘园的三大特点：一是项目全、品种丰富，二是365天采摘，三是有机生态。三大特点也是静逸清的三大优势。

## 推荐理由

暖房里种的草莓很整齐，还有芹菜、油菜等蔬菜。长长的瓜果长廊是孩子们的天堂。孩子们还可以喂鸡、鸭、鹿，还可以钓鱼。采摘后，可以去西瓜博物馆参观，去北京北普陀影视城或麋鹿苑游玩。

## 采摘品种

袖珍西瓜、水果、草莓和蔬菜等。

## 采摘周期

袖珍西瓜5月~10月；水果5月~12月；草莓1~5月；蔬菜全年。

特别推荐1：西甜瓜。大兴庞各庄西瓜皮薄脆，瓜瓤脆沙爽口，甘甜多汁，西瓜糖度能达到13%。

特别推荐2：保健菜。园区常年种植有穿心莲、补血菜、秋葵、养心菜等多个品种。

## 顺路玩

**1. 北京北普陀影视城**
　详细请见前文P172。

**2. 麋鹿苑**
　详细请见前文P178。

**住在庄园**：标间180元/天，农家院800元/天。

**客房设备**：电视、独立卫生间和冷暖空调。

**旅店设施**：会议室、球类健身和KTV练歌房。

**吃在庄园**：北京静逸清采摘园，60元/人。

美食推荐1：麻辣香锅鱼。采用园区养殖的新鲜鱼类，配用秘制的佐料，精心烹饪而成。

美食推荐2：由全羊宴、全牛宴、南瓜宴、蘑菇宴、农家宴和烧烤（包括烤全羊）等六大系列组成。

## Day ① 

8:00 马家楼桥出发
9:30 可到达北普陀影视城或麋鹿苑
9:30~12:00 在园内游玩、拍照
12:00~14:00 在园内午餐

14:00~15:00 驱车前往静逸清采摘园
14:30~17:30 在园内游览，办理入住
17:30~20:00 在园内晚餐
20:00~22:00 自由活动

## Day ②

8:00~9:00 早餐
9:00~10:00 采摘、退房
10:00 可返程

**2** Day Route 日游 建|议|行|程

## 马家楼桥→静逸清采摘园 详细路书

总里程：26.96 公里

| 编号 | 起点 | 公里数 | 照片编号 | 道路状况 |
|---|---|---|---|---|
| 1 | 马家楼桥 | 0 | 1 | 市区道路 |
| 2 | 马家楼桥向 S12 京开高速大兴南五环、大兴方向 | 1.24 | 2 | 市区道路 |
| 3 | S12 京开高速 | 20.64 | 3 | 高速公路 |
| 4 | 庞各庄出口进入京开路 | 0.28 | 4 | 郊区道路 |
| 5 | 薛营桥右转定福庄方向 | 3.5 | 5 | 郊区道路 |
| 6 | 接左转东义堂北京城区方向 | 0.3 | 6 | 郊区道路 |
| 7 | 接东义堂方向 | 0.75 | 7 | 郊区道路 |
| 8 | 到达北京静逸清采摘园 | 0.25 | 8 | 郊区道路 |

### ▌DATA

名称：静逸清采摘园
地址：北京市大兴区庞各庄镇京开高速薛营桥东 200 米
邮编：102601　　　　　联系电话：010-89283688 / 89283689
联系手机：13911604570　　传真：010-89283685
E-MAIL：2640225219@qq.com　网址：www.xiangju2008.com
银联卡：可用　　　　　　停车场地：有 300 个停车位

马家楼桥　南 四 环
京
麋鹿苑
南 五 开 环
高
北京北普陀影视城
速
南 六 环

静逸清采摘园

终极路书

# 大兴区　圣泽林农业观光园　北京市级 ★ ★ ★

圣泽林农业观光园是由北京圣泽林生态果业有限公司开发建设的位于大兴区安定镇南部，被列为北京市农业标准化生产示范基地。园区种植品种达 30 个，其中，精品梨系列有黄金梨、园黄梨、秋月梨等；精品桃系列有川中岛白桃、龙之泽金桃、昭和白桃等；苹果系列有富士苹果、红将军苹果、国光苹果等。此外，树间还种植了猫薄荷、德国甘菊等 10 余种香草，并套种了花生、白薯和甜瓜等多种农作物，形成了立体化栽培结构，实现了早、中、晚熟品种搭配。

## 推荐理由

这里的梨很出名，苹果又脆又甜，花生、白薯、甜瓜味道也很浓。还有百米观光长廊、木屋别墅等，宛如景区似的。孔融让梨等小品景观还可让孩子们边玩边接受教育。

## 采摘品种

樱桃和梨。

## 采摘周期

樱桃 5 月中、下旬；梨 8 月底 ~ 10 月上旬。

特别推荐 1：樱桃。

特别推荐 2：黄金梨、园黄梨。

## 顺路玩

**1. 骑士公园**

位于大兴县北减村乡（黄村西南 5 公里）。

门票：免门票，骑车 160 元 / 小时。

开放时间：8：30 ~ 11：00，3：00 ~ 18：00。联系电话：3121213277。

推荐理由：集野外骑乘、速度比赛、马术表演于一体。

**2. 麋鹿苑**

详细请见前文 P178。

## Day ①

8:00 榴乡桥出发
9:00 可到达北京骑士公园或麋鹿苑
9:00~12:00 在景区内游玩、拍照
12:00~14:00 在景区内午餐
14:00~14:30 驱车前往圣泽林农业观光园
14:00~16:00 在园内游玩、拍照、采摘
16:00 可返程

**1** Day Route
日 游
建|议|行|程

### 榴乡桥→圣泽林农业观光园　详细路书

总里程：28.5 公里

| 编号 | 起点 | 公里数 | 照片编号 | 道路状况 |
|---|---|---|---|---|
| 1 | 南四环榴乡桥 | 0 | 1 | 城市快速路 |
| 2 | 沿德贤路快速路行驶至德茂桥，盘桥进入南五环路外环方向 | 5.2 | 2 | 城市快速路 |
| 3 | 沿南五环路行驶至旧忠桥出口 | 2.5 | 3 | 城市快速路 |
| 4 | 出口右转进入旧忠路，接入 G104 国道 | 0.5 | 4 | 国道道路 |
| 5 | 沿 G104 国道行驶至青云店南口，右转，安定、李贤方向 | 12.2 | 5 | 国道道路 |
| 6 | 沿青礼路行驶，过小桥后至西白塔村口，左转进入西白塔村 | 7.4 | 6 | 郊区道路 |
| 7 | 沿村路行驶至岔路口，右转 | 0.4 | 7 | 乡村道路 |
| 8 | 沿村路行驶，即可到达终点 | 0.3 | 8 | 乡村道路 |

### DATA

名称：圣泽林农业观光园
邮编：102607
联系手机：13311235259
E-MAIL：szlef@sina.com
停车场地：有 30 个停车位

地址：北京市大兴区安定镇西白塔村北 200 米
联系电话：010-80233168
传真：010-80233168
银联卡：可用

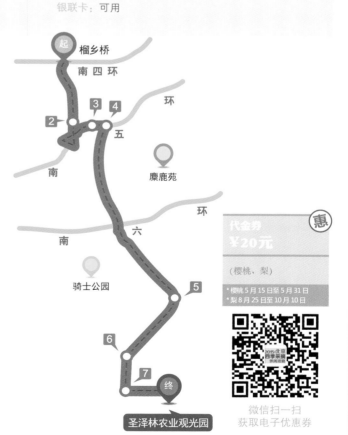

代金券
**¥20元**
（樱桃、梨）
* 樱桃 5 月 15 日至 5 月 31 日
* 梨 8 月 25 日至 10 月 10 日

惠

微信扫一扫
获取电子优惠券

# 大兴区 北京御澜龙川农业观光园 北京市级 ★★★

隶属北京御澜龙川生态观光农业有限公司的北京竹林精舍（榭园）生态园位于大兴区南部的礼贤镇，被誉为"首都的南菜园"。该生态园是大礼路沿线设施观光产业的一部分，是集农耕体验、采摘、垂钓、餐饮、住宿、会议、休闲娱乐为一体的生态农业旅游观光园区。

## 推荐理由

园区有以农家菜为主，以绿色、生态养生为主题的山八珍宴；有小巧精致的别墅、古色古香的四合院、清静幽雅的住宿以及会议环境；有以观光、采摘、农耕体验为主题的果园菜园种植区；也有以观赏、认领为主的养殖区，该区饲养着小鹿、孔雀、小白兔、鸽子、小鸡等动物。

## 采摘品种

蓝莓、树莓、草莓、樱桃、西瓜、蔬菜和油桃。

## 采摘周期

蓝莓4月~6月；树莓6月~10月；草莓3月~5月；樱桃5月~6月；西瓜4月~6月；蔬菜5~10月；油桃5~7月。
特别推荐1：草莓。
特别推荐2：蓝莓。

### DATA

名称：北京御澜龙川农业观光园
地址：北京市大兴区礼贤镇西郊河村东北角1000米
邮编：102603
联系电话：4006503132
联系手机：13521943833
E-MAIL：zhulinjingshe123@163.com
停车场地：有50个停车位

## 顺路玩

**1. 北京野生动物园**

详细请见前文 P170。

**2. 中国北方传统农具陈列馆**

位于大兴区梨花村内。
开放时间：9：00~16：00，周一、除夕~正月初六闭馆。
推荐理由：馆内有实物展品200余件，可直观了解北方农业、农村、农民传统的生产、生活、生存的方式。

吃在庄园：竹林精舍（榭园）100元/人。

美食推荐1：竹香鲫鱼。这道菜的造型比较别致，盘子下面垫了一层细竹蔑，编成网状，再铺上一层葱。鲫鱼鱼皮金黄，鱼骨头都可以嚼了吃下去。

美食推荐2：秘制香酥鸭。香味浓郁，酥软爽口，酥而不油。

## Day ①

8:00 马家楼桥出发
9:30 可到达北京野生动物园
9:30~12:00 在园内游玩、拍照
12:00~14:00 在园内午餐
14:00~14:30 驱车前往北京御澜龙川农业

观光园
14:30~17:30 在园内游览，办理入住
17:30~20:00 在园内晚餐
20:00~22:00 自由活动

## Day ②

8:00~9:00 早餐
9:00~10:00 采摘、退房
10:00 可返程，或前往中国北方传统农具陈列馆游览

**2 Day Route 日游 建议行程**

代金券
**采摘 20 元**
餐饮 8.5 折
住宿 8.5 折
垂钓 20 元
* 截止 2015 年 12 月 31 日

微信扫一扫
获取电子优惠券

南四环
马家楼桥 起 2

3

南五环

南六环

中国北方传统农具陈列馆

4
5
8
9
6
7
北京野生动物园

北京御澜龙川农业观光园 终

## 马家楼桥→北京御澜龙川农业观光园　详细路书

总里程：39.7 公里

| 编号 | 起点 | 公里数 | 照片编号 | 道路状况 |
|---|---|---|---|---|
| 1 | 马家楼桥 | 0 | 1 | 市区道路 |
| 2 | 马家楼桥向京开高速大兴南五环、大兴方向 | 0.56 | 2 | 市区道路 |
| 3 | S12 京开高速西红门收费站 | 3.5 | 3 | 高速公路 |
| 4 | G106 国道固安榆垡出口进入 G106 国道 | 29 | 4 | 高速公路 |
| 5 | G106 国道大礼路收费站刘田路礼贤出口 | 0.8 | 5 | 郊区道路 |
| 6 | 大礼桥右转礼贤北京城区方向 | 0.7 | 6 | 郊区道路 |
| 7 | 大礼桥右转礼贤北京城区方向 | 0.1 | 7 | 郊区道路 |
| 8 | 大礼桥直行礼贤方向 | 0.6 | 8 | 郊区道路 |
| 9 | 见谢园竹林精舍路标左转进入小路 | 4.1 | 9 | 乡村道路 |
| 10 | 沿小路直行约 400 米到达 | 0.4 | 10 | 小路 |

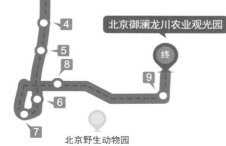

终极路书

196-197
樱水园农家乐旅游观光园

惠

200-201
泰农源生态果园

# CHANGPING DISTRICT

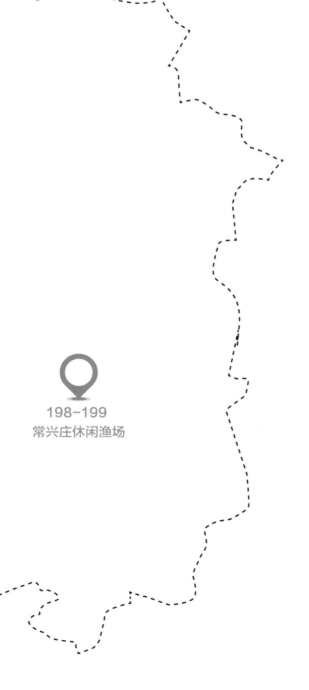

198-199
常兴庄休闲渔场

# 昌平区 › 樱水园农家乐旅游观光园 　北京市级 ★★★★

北京樱水园农家乐旅游观光园位于中国国际北方射击场西侧，占地10万平方米，是全北京最大的采摘晚油桃的乐园。其中10月成熟的万寿红晚油桃是北京独有的。

## 推荐理由

烤羊排味道超赞，外酥里嫩，粘卷子味道是我们吃过最棒的！院子里有池塘、孔雀、小白兔，孩子们可以用鱼抄子捞鱼玩儿。

## 采摘品种

樱桃、晚油桃、国光苹果和富士苹果。

## 采摘周期

晚油桃成熟时间每年9月20日可持续到10月15日，每年10月1国庆节假期均可前来采摘。
特别推荐1：万寿红晚油桃。晚油桃是北京市独有特色品种。
特别推荐2：国光苹果和富士苹果。苹果极耐贮运，常温下可贮存到第二年的5月份。

**住在庄园**：标间328元。

配套设施：液晶电视，独立浴室和免费宽频上网。
旅店设施：健身房，会议室和户外网球场。

## 顺路玩

### 1. 北方国际射击场

位于昌平区南口西1公里处（马坊路口北侧）。
门票：射击套票100元/位（TT运动手枪8发+EM332运动步枪10发）。
开放时间：8：30～16：30。联系电话：010-80190380。有些枪支使用是需要单位开介绍信，去之前询问清楚。
推荐理由：全国最大的射击场馆，各种各样枪械齐全。

### 2. 居庸关长城

京北长城沿线上的著名古关城，国家级文物保护单位。是北京旅游局评定的国家AAAA级景区。位于昌平区南口镇。
门票：淡季35元/人，旺季40元/人。
开放时间：旺季08：00～17：00；淡季08：30～16：00。联系电话：010-69771665。
推荐理由：长城重要的关隘。

**吃在庄园**：樱水园，60元/人。

美食推荐1：柴烤全羊。烤全羊是目前肉制品饮食中健康和绿色的美食。烤全羊外表金黄油亮，外部肉焦黄发脆，内部肉绵软鲜嫩，羊肉味清香扑鼻，颇为适口，别具一格。
美食推荐2：农家粘卷子。地道的纯农家美食，既有肉的鲜美，又有卷子的筋道，吃罢唇齿留香。

## Day ① 

8:00 健翔桥出发
9:30 可到达北方国际射击场或居庸关长城
9:30~11:30 在景区内游玩
11:30~13:30 在景区内午餐
13:30~15:30 游玩结束

15:30~16:00 驱车前往樱水园
16:00~17:00 到达樱水园，办理住宿
17:00~20:00 在樱水园品尝特色晚餐
20:00~22:00 自由活动

## Day ②

8:00~9:00 早餐
9:00~11:00 采摘
11:00~13:00 在樱水园午餐
13:00 退房，返程

**2** Day Route 日游 建│议│行│程

# 健翔桥→樱水园　详细路书

总里程：43.4 公里

| 编号 | 起点 | 公里数 | 照片编号 | 道路状况 |
|---|---|---|---|---|
| 1 | 北四环健翔桥 | 0 | 1 | 高速公路 |
| 2 | G6 京藏高速 | 3.3 | 2 | 高速公路 |
| 3 | 陈庄出口 | 31.46 | 3 | 高速公路出口 |
| 4 | 沿原 G110 辅线行驶 200 米，在陈庄桥左后方转弯 | 0.2 | 4 | 郊区道路 |
| 5 | 继续沿原 G110 辅线行驶 130 米，在陈庄桥右转 | 0.13 | 5 | 郊区道路 |
| 6 | 继续沿原 G110 辅线行驶，左转进入温南路 | 2.6 | 6 | 郊区道路 |
| 7 | 沿温南路行驶，接入南雁路 | 2.56 | | 郊区道路 |
| 8 | 沿南雁路行驶，右转进入马兴路 | 0.88 | 7 | 郊区道路 |
| 9 | 马兴路行驶至（二零八所），左转 | 0.55 | 8 | 郊区道路 |
| 10 | 继续沿马兴路行驶，右转 | 1.25 | 9 | 村级道路 |
| 11 | 继续行驶，到达终点 | 0.47 | 10 | 村级道路 |

## DATA

名称：北京樱水园农家乐旅游观光园
星等级：市级 4 星
地址：北京市昌平区南口镇后桃洼村
邮编：102202
联系电话：010-69778505 / 69785186
联系手机：13911972212
传真：010-69785186
E-MAIL：414416061@qq.com
网址：http://fsdlg.cpweb.gov.cn
停车场地：有 50 个车位

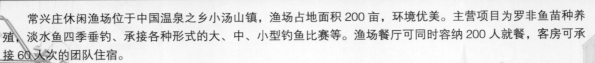

# 昌平区 常兴庄休闲渔场

北京市级 ★★★★

　　常兴庄休闲渔场位于中国温泉之乡小汤山镇，渔场占地面积200亩，环境优美。主营项目为罗非鱼苗种养殖、淡水鱼四季垂钓、承接各种形式的大、中、小型钓鱼比赛等。渔场餐厅可同时容纳200人就餐，客房可承接60人次的团队住宿。

## 👍 推荐理由

　　渔场比较正规，经常举办比赛。鱼塘很多，面积很大，适合各种类型的人去钓鱼，周六日还可以看高手比赛，冬天还可以钓虾。房间里面可以泡温泉。

## 垂钓品种

　　罗非鱼、鲤鱼、草鱼、鲫鱼和罗氏沼虾等。

## 垂钓周期

　　四季垂钓，冬季有2个室内垂钓宫。

特别推荐1：罗非鱼。渔场是市级罗非鱼良种苗养殖基地，被农业部农产品质量安全中心认证为"无公害产地和无公害水产品"，罗非鱼肉质鲜嫩，口感极佳。

特别推荐2：罗氏沼虾垂钓。罗氏沼虾的肉质实厚，有嚼劲，味道鲜美，适合各种做法，并且罗氏沼虾在同类水产品中，营养价值也是排在首位的。

> 吃在渔场：乡香缘餐厅，人均消费50～60元。
>
> 美食推荐1：民俗春饼宴。遍访百位七旬以上老人，还原春饼宴传统工艺，经典搭配，呈现北方地区最正宗的民俗春饼宴席。
> 美食推荐2：老汤原香酱肉。百年私密配方，回味无穷。

> 住在渔场：两室一厅套房门市价880元；标房门市价520元；大床房门市价520元。
>
> 配套设施：液晶电视、冷暖空调、免费无线网、独立温泉泡池和卫浴。
> 旅店设施：温馨的花瓣浴、可提供棋牌桌等。

## 顺路玩

### 1. 小汤山龙脉温泉度假村

　　位于昌平区小汤山镇（小汤山镇政府北侧）。

门票：100元／人。

开放时间：9：00～24：00。联系电话：010-61795906，400-009-6120。

推荐理由：地下蕴藏着国内首屈一指的淡温泉，是一所具有温泉特色的超大型度假村。

### 2. 九华山庄温泉度假村

　　位于北京市昌平区小汤山镇，这里从元代起就被开辟成皇家园林。

门票：300元／人（可团购）

开放时间：8：30～次日凌晨1：30。联系电话：010-61782288。

推荐理由：度假村集温泉、药浴、游泳、桑拿和按摩等项目于一身。

## Day ① 

8:00 望和桥出发
8:40 可到达常兴庄休闲渔场，办理入住
8:40~11:30 在渔场内游玩、垂钓
11:30~13:30 在渔场内午餐

13:30~17:30 享受垂钓的乐趣
17:30~20:00 在渔场晚餐
20:00~22:00 自由活动

## Day ②

8:00~9:00 早餐
9:00 可返程，或前往小汤山龙脉温泉度假村或九华山庄温泉度假村享受温泉

**2** Day Route 日 游 建|议|行|程

# 望和桥→常兴庄休闲渔场　详细路书

总里程：29.4 公里

| 编号 | 起点 | 公里数 | 照片编号 | 道路状况 |
|---|---|---|---|---|
| 1 | 北四环望和桥 | 0 | 1 | 高速公路 |
| 2 | G45 大广高速（京承高速）收费站 | 6.5 | 2 | 高速公路 |
| 3 | 沿 G45 行驶至酸枣岭桥进入北六环路昌平、门头沟方向 | 13.5 | 3 | 高速公路出口 |
| 4 | 沿北六环外环行驶至马坊北桥，向安四路、北苑方向，出马坊出口 | 7.1 | 4 | 高速公路 |
| 5 | 马坊出口，向右转 | — | 5 | 高速公路出口 |
| 6 | 沿路行驶至红绿灯路口，右转至立汤路，直接进入最左侧车道（准备立刻左转） | 0.5 | 6 | 郊区道路 |
| 7 | 沿立汤路直行，左转进入常后路 | 0.3 | 7 | 郊区道路 |
| 8 | 沿常后路直行，即可到达终点 | 1.5 | 8 | 郊区道路 |

## DATA

名称：常兴庄休闲渔场
邮编：102211
E-MAIL：69746260@163.com
信用卡：可用

地址：北京市昌平区小汤山镇常兴庄村南
联系电话：010-61781169
银联卡：可用
停车场地：有 200 多个停车位

终极路书

# 昌平区 泰农源生态果园

北京市级 ★★★

泰农源生态园地处北京西北郊，三面环山，交通便利，环境优美，独特的地理环境及山前暖带造就"西峰山小枣"的历史品牌和"京峰"冬枣的品牌优势。园区大力发展以观光采摘基地为主，填补北京地区国庆期间采摘市场空白。果园现有面积280亩，春秋大棚280栋，日光温室5栋，鱼塘6亩，采摘品种有冬枣、马牙枣、葡萄、樱桃、核桃等，一年四季有蔬菜种植。每年5月底到10月中旬为采摘季节。全部采用深井水进行滴灌，有机种植进行管理，保证园区内所有种植品种的高品质。园区配备保鲜库二座，将生产的农副产品进行保鲜，确保水果绿色、环保、无污染。

## 推荐理由

泰农源生态园位于"京师之枕"昌平，顶级冬枣果园，自备深井水及沙质土壤，孕育了冬枣皮薄、个大、果肉细嫩、多汁、无渣、甘甜清香、酸甜适口的品质。"农耕休闲体验中心"可以让市民带着孩子到这里来做兼职"农民"，还可认养田地、认养菜棚、认养果树和认养葡萄等。下属的珍禽黑羽乌鸡的种源基地，是我国著名纯种绿壳蛋乌鸡，集观赏、药用、食用于一体。

## 采摘品种

冬枣和马牙枣。

## 采摘周期

9月10日～10月20日。
特别推荐1：冬枣。
特别推荐2：马牙枣。

## 顺路玩

### 1. 白洋沟自然风景区

位于昌平区流村镇王家园水库北。

门票：免费。

联系电话：010-89771716。

推荐理由：白羊沟自然风景区风景区地处山前暖带，植被茂盛，风景独特，整个景区遍布奇花异草、俊峰怪石、泉水、河流、瀑布四季常流，水质清澈无比。有百余种野菜和名贵野生药材。

### 2. 居庸关长城

详细请见前文 P196。

## Day **1**

Day Route

**1** 日 游

建|议|行|程

8:00 健翔桥出发
9:30 可到达白羊沟自然风景区或居庸关长城
9:30~11:30 在景区内游玩
11:30~13:30 在景区内午餐
13:30~14:30 游玩结束
14:30~15:00 驱车前往泰农源生态果园
15:00~17:00 到达泰农源生态果园，进行采摘、拍照或农耕体验
17:00 返程

## 健翔桥→泰农源生态果园　详细路书

总里程：41.82 公里

| 编号 | 起点 | 公里数 | 照片编号 | 道路状况 |
|---|---|---|---|---|
| 1 | 北四环健翔桥 | 0 | 1 | 高速公路 |
| 2 | G6 京藏高速 | 3.3 | 2 | 高速公路 |
| 3 | 沙河出口 | 13 | 3 | 高速公路出口 |
| 4 | 沿原 G110 辅线行驶 1.5 公里，左前方转弯进入沙阳路 | 1.86 | 4 | 拥堵路段 |
| 5 | 沿沙阳路行驶，右转进入温南路 | 11.5 | 5 | 郊区道路 |
| 6 | 沿温南路行驶，右转进入昌流路 | 5.6 | 6 | 郊区道路 |
| 7 | 沿昌流路行驶，经北流村换到，出第三个出口进入南雁路 | 5.15 | 7 | 郊区道路 |
| 8 | 沿南雁路行驶，即可到达终点 | 1.4 | 8 | 郊区道路 |

### DATA

名称：泰农源生态果园
邮编：102204
联系手机：13581783242
E-MAIL：hsysus@126.com
信用卡：可用中国银行、农业银行、工商银行、建设银行、交通银行、北京银行、兴业银行、平安银行、民生银行、招商银行
　　　　和广发银行卡

地址：北京市昌平区流村镇西峰山村东
联系电话：010-69719346
传真：010-60714563
银联卡：可用
停车场地：有约 100 个停车位

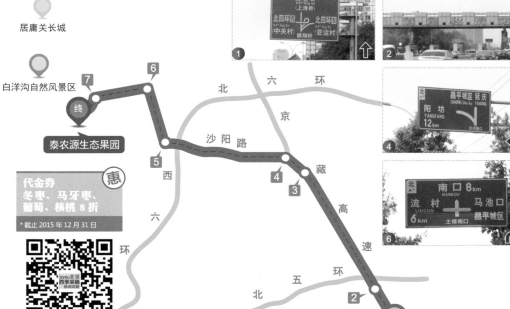

206-207
北吉山村采摘园

204-205
挂甲峪山庄

PINGGU DISTRICT

平谷区

# 平谷区 挂甲峪山庄

北京市级 ★★★★

挂甲峪山庄位于京东挂甲峪上。京东挂甲峪是平谷北部山区，属燕山南麓余脉的一部分，它北、东、南三面环山，中间为一狭小的丘陵盆地，面积约5平方公里。挂甲峪村历史文化悠久，相传成村于明崇祯年间，因宋代名将杨延昭抗辽凯旋在此挂甲休息，后人便取村名为挂甲峪。

地势东南高西北低，鸟瞰之，如龙庭座椅一般。它外环峰峦山连绵不断，内伏丘壑蜿蜒起伏，海拔在180～623米之间，是一处不可多得的自然风景区。它一统山川自成格局，天造地设一般，在四围山色之中独成一统，造就了相对封闭的桃花源般人间仙境。当你钻进沟谷深处，醉听鸟唱山林、虫鸣四野之时，那种桃源幽趣简直妙不可言。

## 推荐理由

挂甲峪山庄是北京市第一批旧村改造的13个试点村之一，全村家家住上了生态"小别墅"，农户取暖不用煤，做饭用（生物）沼气，点灯取暖用太阳（能），是平谷山区的无烟村，被国家旅游局专家称为"北京的新大寨，京东的大绿谷，天然的大氧吧，休闲的好去处。"来这里，尝鲜果，品美食，住农居，养心、洗肺又清脑。

## 采摘品种

蔬菜和水果。
特别推荐1：樱桃、李子、杏、桃、苹果等
特别推荐2：菠菜、白菜、西红柿、黄瓜、菜椒等

## 顺路玩

**丫髻山**

位于北京平谷刘家店镇北吉山村北吉山大街39号，自古被视为仙山神福地。相传唐朝就有道士在山上结庐修炼，明朝曾敕赐"护国天仙宫"匾额，清朝康熙、乾隆、道光等皇帝也多次在此题字赋诗。

门票：48元/人。
开放时间：8：00～16：30。联系电话：010-61973457。
推荐理由：京都名胜大观。

> **吃在庄园**：农家菜。
>
> 美食推荐1：侉炖鱼、农家小炖肉、炖柴鸡等
> 美食推荐2：家常饼、玉米饼、肉饼

## Day **1**

8:00 朝阳公园桥出发
9:30 可到达北吉山村北的丫髻山景区
9:30~12:00 在景区内游玩、登山、拍摄
12:00~14:00 驱车到达挂甲峪山庄进行午餐、办理入住
14:00~17:00 在挂甲峪山庄游玩、拍摄
18:00~20:00 在山庄内晚餐
20:00~22:00 自由活动

## Day **2**

8:00~9:00 早餐
9:00~10:00 采摘、退房
10:00 返程，或前往丫髻山景区游玩

2 日游 Day Route 建议行程

# 朝阳公园桥→挂甲峪山庄　详细路书

总里程：84.5 公里

| 编号 | 起点 | 公里数 | 照片编号 | 道路状况 |
|---|---|---|---|---|
| 1 | 东四环朝阳公园桥 | 0 | 1 | 城区道路 |
| 2 | 沿姚家园路接机场第二高速，右转进入京平高速 | 19 | 2 | 城区道路 + 高速公路 |
| 3 | 沿京平高速驶入吴各庄收费站，继续沿京平高速行驶 | 1.0 | 3 | 高速公路 |
| 4 | 打铁庄出口 | 34.5 | 4 | 高速公路出口 |
| 5 | 经收费站后，靠左行驶密三路（密云马昌营）方向 | — | 5 | 高速公路出口 |
| 6 | 沿密三路行驶至峪口路口，靠左行驶继续驶入密三路接入胡熊路 | 14 | 6 | 郊区道路 |
| 7 | 沿胡熊路行驶，右转进入挂甲峪路 | 14 | 7 | 郊区道路 |
| 8 | 沿挂甲峪路行驶，路尽头，即可到达终点 | 2.0 | 8 | 郊区道路 |

## ▌DATA

名称：挂甲峪山庄
地址：北京市平谷区大华山镇挂甲峪村挂甲峪大街 1 号
邮编：101207
联系电话：010-60978258
联系手机：13241626355
E-MAIL：guajiayu007@163.com
网址：www.guajiayu.com
停车场地：有停车场

终极路书

# 平谷区 ▶ 北吉山村采摘园

采摘园处北京市平谷区刘家店镇北吉山村，此地民风淳朴，热情好客。蓝天白云，青山环绕，有丰富的水果品种，更有此地独有的特色，尤其是红肖梨，曾获广州博览会金奖。

## 👍 推荐理由

在北吉山村，不仅仅可以采摘，还能登山、观古迹、祈福、品尝美食，春可踏青，夏可避暑，秋赏红叶，冬赏皑皑白雪睡农家热炕。

丫髻山庙会（农历四月初一至四月十五）也很有名气，是华北地区四大庙会之一。

## 采摘品种

红肖梨、金银花、精品大桃、核桃、栗子、大枣。

特别推荐 1：金银花。

特别推荐 2：红肖梨。曾获广州博览会金奖。

## 采摘周期

6 ~ 10 月。

## 顺路玩

### 丫髻山

位于平谷区刘家店镇北吉山村北。丫髻山因山巅两块巨石状若古代女孩头上的丫髻而得名。山上的碧霞元君祠，始建于唐代，是京东最有名的古刹和道观，山下的紫霄宫为皇帝祭祀时的休息场所。

门票：40 元 / 人。

开放时间：8：00 ~ 16：30。

推荐理由：建筑辉煌，有京东最有名的古刹碧霞元君祠。自古被视为仙山神福地，元、明、清三朝香火旺盛，，清朝皇帝多次驾幸丫髻山，御封为"金顶"、"畿东泰岱"、"近畿福地"、"灵应宫"。

吃在庄园：前吉山驴肉馆，约 30 元 / 人。

美食推荐 1：豆角粘卷子，平谷特色，色香味俱全，回味无穷。

美食推荐 2：大炖菜，自己家粉的白薯粉，绝对让你流连忘返。

住在庄园：标间 150 元，包饭。

客房设备：空调、无线网、单独浴室和火炕。

旅店设施：麻将机。

## Day ①

8:00 四元桥出发

9:30 可到达北吉山村采摘园北

9:30~12:00 在景区内游玩、登山、拍摄

12:00~14:00 驱车到达前吉山驴肉馆进行午餐

14:00~18:00 办理入住，并漫步田园

18:00~20:00 在村内晚餐

20:00~22:00 自由活动

## Day ②

8:00~9:00 早餐

9:00~10:00 采摘、退房

10:00 返程，或前往丫髻山景区游玩

**2 Day Route**

日游

建议行程

# 四元桥→北吉山村　详细路书

总里程：77.2 公里

| 编号 | 起点 | 公里数 | 照片编号 | 道路状况 |
|---|---|---|---|---|
| 1 | 四元桥 | 0 | 1 | 高速公路 |
| 2 | 沿机场高速行驶，右转进入京平高速 | 12 | 2 | 高速公路 |
| 3 | 沿京平高速驶入吴各庄收费站，继续沿京平高速行驶 | 5.0 | 3 | 高速公路 |
| 4 | 打铁庄出口 | 34.5 | 4 | 高速公路出口 |
| 5 | 经收费站后，靠左行驶密三路（密云 马昌营）方向 | — | 5 | 高速公路出口 |
| 6 | 沿密三路行驶至峪口路口，靠左行驶继续驶入密三路接入胡熊路 | 15 | 6 | 郊区道路 |
| 7 | 沿胡熊路行驶至小峪子南口路口，左转进入密三路 | 6.0 | 7 | 郊区道路 |
| 8 | 沿密三路行驶至东山下北路口，左转向丫髻山方向 | 3.0 | 8 | 郊区道路 |
| 9 | 沿丫髻山路行驶至松棚路口，右转进入寅北路 | 0.6 | 9 | 乡村道路 |
| 10 | 沿寅北路路行驶至北吉山村村委会 | 1.1 | 10 | 乡村道路 |

## DATA

名称：北吉山村采摘园

邮编：101208

传真：010-61974028

地址：北京市平谷区刘家店镇北吉山村

联系电话：010-61974028

停车场地：有一个停车场

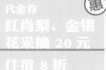

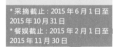

代金券

红肖梨、金银花采摘 20 元

住宿 8 折

*采摘截止：2015 年 6 月 1 日至 2015 年 10 月 31 日

*餐娱截止：2015 年 2 月 1 日至 2015 年 11 月 30 日

微信扫一扫
获取电子优惠券

236-237
兴百灵养蜂观光园

214-215
黄芩仙谷景区

240-241
北京国际核桃庄园

232-233
阿芳嫂山茶店 / 清水龙江居酒家

234-235
北京崇安沟生态观光园

238-239
百花野味香

228-229
天盛湖养鱼场

220-221
太子墓苹果观光园

212-213
北京樱桃植物博览园

224-225
孟悟生态园

210-211
腾午山庄
（龙凤岭种植园）

218-219
神农圃农家乐旅游观光园

222-223
北京人间仙境
旅游观光园

230-231
西马各庄采摘园

226-227
北京琨樱谷山庄

216-217
京西古道景区

# 门头沟区

# 腾午山庄（龙凤岭种植园） 北京市级 ★★★★

腾午山庄（龙凤岭种植园）位于门头沟区妙峰山镇担礼村龙凤岭种植园内，是一个依山而建的度假山庄。

腾午山庄距中外闻名的金顶妙峰山景区 20 公里，G109 国道穿行而过，具有得天独厚的资源和地理优势。

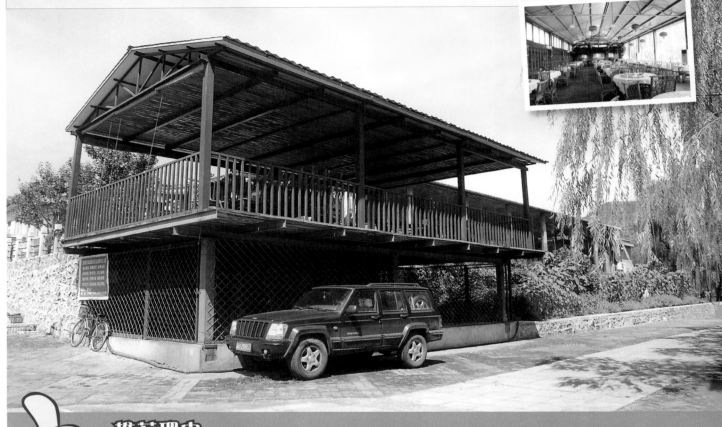

## 推荐理由

在腾午山庄吃饭前后，可转转妙峰山。妙峰山浓聚名山之奇景，汇聚人间福地之精华，境内名胜古迹众多，著名的有辽代皇家名刹仰山栖隐禅寺、大云寺、宛平八景之一，"灵岩探胜"的滴水岩、末代皇帝溥仪的英文老师庄士敦的私人别墅等，可谓"山为佛生景，佛为山增色"，二者相得益彰。有 2 条线路：一是妙峰山牌楼—樱桃沟村牌楼—庄士敦别墅—仰山栖隐寺；二是妙峰山牌楼—阳台山（妙峰山森林公园）。

## 采摘品种

京白梨、杏、核桃。

## 采摘周期

杏 5 月初；京白梨 8 月底；核桃 9 月。

吃在庄园：腾午山庄。

美食推荐：柴锅酱焖鱼、山庄豆腐宴、乡村烤牛肉，人均 50 元。

住在庄园：48 个床位，有窑洞、日式木屋及古建，人均约 150 元。

配套设施：液晶电视、独立浴室和空调。

## 顺路玩

### 1. 妙峰山牌楼—樱桃沟村牌楼—庄士敦别墅—仰山栖隐寺

莲花金顶妙峰山简称为妙峰山。

门票：40 元 / 人。

开放时间：8：00 ～ 17：00。有停车场。庄士敦是清代最后一位皇帝溥仪的老师，庄士敦别墅又名乐静山斋，位于樱桃沟村。是门头沟的区级文物保护单位，门票 20 元 / 人。仰山栖隐寺塔位于妙峰山乡南樱桃村北的仰山上。创建于辽代，盛于金代。

推荐理由：妙峰山是离北京市最近的海拔过千米的高山，以"古刹"、"奇松"、"怪石"、"异卉"而闻名。庄士敦别墅是思古赏景的好去处。仰山栖隐寺有北京市唯一的一座方形塔。

### 2. 妙峰山牌楼—阳台山（妙峰山森林公园）

妙峰山森林公园位于妙峰山镇涧沟村，其高山玫瑰园非常出名。

门票：20 元 / 人。

联系电话：010-61882920。

推荐理由：赏高山玫瑰，采购玫瑰酱、黄芩茶、玫瑰精油、玫瑰饼等。

## Day

8:00 定慧桥出发
9:30 可到达腾午山庄（龙凤岭种植园），办理入住
9:30~11:30 在山庄内游玩、拍照
11:30~13:30 在山庄内午餐

13:30~14:00 驱车前往妙峰山
14:00~17:30 在景区内游玩、拍照
17:30~18:00 驱车返回腾午山庄（龙凤岭种植园）
18:00~20:00 在山庄内晚餐
20:00~22:00 自由活动

## Day ②

8:00~9:00 早餐
9:00~10:00 采摘、退房
10:00 可返程

**2 日游** Day Route 建|议|行|程

## 定慧桥→腾午山庄（龙凤岭种植园）　详细路书

总里程：39.15 公里

| 编号 | 起点 | 公里数 | 照片编号 | 道路状况 |
|---|---|---|---|---|
| 1 | 西四环定慧桥（阜石高架路） | 0 | 1 | 快速道路 |
| 2 | 沿阜石路行驶至双峪路口，右转进入石担路，担礼方向 | 15 | 2 | 快速道路 |
| 3 | 沿石担路行驶至城子大街南口，右转继续进入石担路，灵山、G109 方向 | 3.0 | 3 | 郊区道路 |
| 4 | 继续沿石担路行驶至水闸桥西口，右转上桥 | 0.15 | 4 | 郊区道路 |
| 5 | 沿桥直行至三家店西口，左转进入 G109，军庄、涿鹿方向 | 0.7 | 5 | 郊区道路 |
| 6 | 沿 G109 行驶至军庄路口，直行继续驶入 G109，妙峰山 | 16 | 6 | 郊区道路 |
| 7 | 继续沿 G109 行驶，道路左侧即可到达终点 | 5.0 | 7 | 国道道路 |

### DATA

地址：北京市门头沟区妙峰山镇担礼村龙凤岭种植园内
邮编：102300
联系电话：010-61880868
联系手机：13051823283
E-MAIL：wz_0101@126.com
停车场地：有 80 个停车位

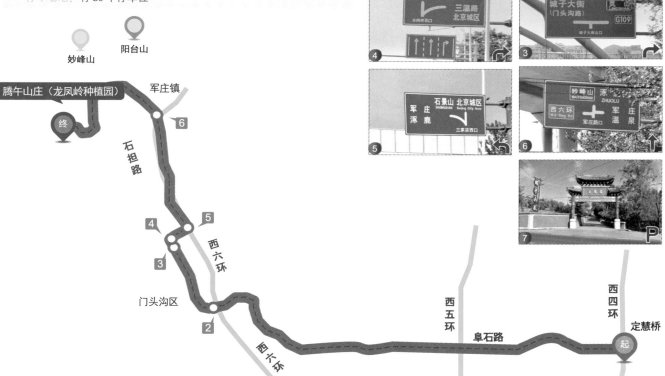

# 门头沟区　北京樱桃植物博览园　北京市级 ★★★★

　　北京樱桃植物博览园位于门头沟区妙峰山镇樱桃沟村，得天独厚地拥有妙峰山的自然风光，是个免费享受绿色氧吧、进行樱桃采摘和品农家饭菜的好去处。

## 👍 推荐理由

有机樱桃值得购买。

## 采摘品种

樱桃。

## 采摘周期

5月下旬～6月中旬。
特别推荐1：有机樱桃（早熟品种）
特别推荐2：有机樱桃（晚熟品种）。

## 顺路玩

**1. 妙峰山牌楼—阳台山（妙峰山森林公园）**
　　详细请参见前文 P120。

> 吃在庄园：
>
> 美食推荐：有机菜。

## Day ①

9:00 从定慧桥出发
9:30 可到达北京樱桃植物博览园
9:30~11:30 在园区内游玩、拍照、采摘
11:30~13:30 在园区内午餐
13:30 可返程，或前往妙峰山或阳台山游玩

**1** Day Route
日 游
建|议|行|程

## 定慧桥→北京樱桃植物博览园　详细路书

总里程：36 公里

| 编号 | 起点 | 公里数 | 照片编号 | 道路状况 |
|---|---|---|---|---|
| 1 | 西四环定慧桥（阜石高架路） | 0 | 1 | 快速道路 |
| 2 | 沿阜石路行驶至双峪路口，右转进入石担路，担礼方向 | 15 | 2 | 快速道路 |
| 3 | 沿石担路行驶至城子大街南口，右转继续进入石担路，灵山、G109 方向 | 3.0 | 3 | 郊区道路 |
| 4 | 继续沿石担路行驶至水闸桥西口，右转上桥 | 0.15 | 4 | 郊区道路 |
| 5 | 沿桥直行至三家店西口，左转进入 G109，军庄、涿鹿方向 | 0.7 | 5 | 郊区道路 |
| 6 | 沿 G109 行驶至军庄路口，直行继续驶入 G109，妙峰山、涿鹿方向 | 3.3 | 6 | 国道道路 |
| 7 | 继续沿 G109 行驶妙峰山路口，右转，妙峰山景区方向 | 5.5 | 7 | 国道道路 |
| 8 | 沿路行驶至岔路口，右转，樱桃沟、栖隐禅寺方向 | 6.7 | 8 | 郊区道路 |
| 9 | 沿路行驶，即可到达终点 | 1.3 | 9 | 郊区道路 |

### DATA

名称：北京樱桃沟绿谷科技开发有限公司　　简称：北京沟樱桃植物博览园　　星等级：市级 3 星
地址：北京市门头沟区妙峰山镇樱桃沟村委会南 200 米　　邮编：102300
联系电话：010-61883114，010-61883014　　联系手机：13910205972　　传真：010-61883014
E-MAIL：Yingtaogou_2007@126.com　　银联卡：可用　　停车场地：停车数量 200 辆

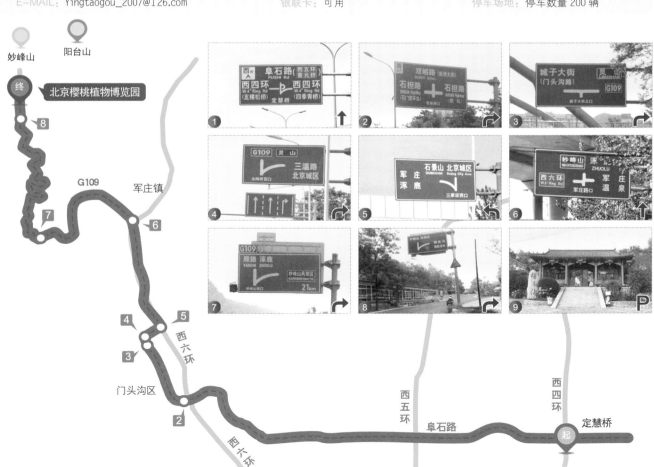

# 门头沟区　黄芩仙谷景区　北京市级 ★★★★

黄芩仙谷景区坐落在全国旅游名镇——北京市门头沟区斋堂镇。位于中国历史名村爨底下村延长线上，像一颗明珠环抱在蜿蜒的龙头山和波光粼粼的斋堂水库中间，占地面积 2000 亩，走进黄芩仙谷让您真正体验到住芩府、用芩宴、品芩茶、做芩人、走芩路。芩府有温馨舒适的总统套房和散客包间，可提供 100 人住宿。健康养生的芩宴可提供 300 人同时就餐。闲暇时，游客闲庭信步或徒步登山饱览湖光山色，流涟茶溪湾嬉戏游玩，茗香阁品茗聊天或徜徉黄芩花海拍照、漫游。

游客进入黄芩仙谷后，体验制茶、亲子游活动的乐趣：头戴小草帽，手提小竹筐，采摘黄芩芽。

## 推荐理由

黄芩仙谷是国家 3A 级景区，同时也是国际黄芩文化研究基地，中国黄芩加工非物质文化遗产传承地，是国内唯一的黄芩文化休闲旅游产业园区，是集黄芩种植、加工、观赏、采摘、黄芩文化体验、山林养生、休闲度假为一体的高档旅游度假会所。2013 年，这里被北京市休闲农业园区评定为四星级休闲农业园区。同时也可以作为茶文化科普基地、亲子游体验基地。景区内最大一特点便是饱览山色的好去处，沿步道向山上闲游，步道两侧果树林立，登至山顶便可一览斋堂水库全貌。走走停停每走一处便可见到一处不同的景致。来吧，朋友。走进门头沟，一城山色半城湖，品味瓷茗缘，畅游黄芩谷。

## 采摘品种

可采摘黄芩茶、金莲花、黄菊等中药材，各种时令鲜果及疏菜，并可亲自体验制茶过程。

## 采摘周期

4 ～ 9 月。4 月底采摘嫩芽，7 月为黄芩花采摘旺季。

吃芩宴：黄芩仙谷景区内设芩宴供就餐，丰俭由人。可用黄芩嫩芽加入菜中，具有清热、解毒、去火、降脂、降血压等功效。

美食推荐 1：门头沟清水自制卤水豆腐，清香可口。

美食推荐 2：黄芩大鲤鱼、黄芩饺子、炸黄芩芽

美食推荐 3："举人村"牌的黄芩茶系列、门头沟特色干果、山货、杂粮系列等。

## 顺路玩

### 1. 爨底下村

位于门头沟区斋堂镇。距今已有 400 多年历史，现保存着 500 间 70 余套明清时代的四合院民居，是我国首次发现保留比较完整的山村古建筑群，国家 3A 级景区，市级文明单位，市级民俗旅游专业村，2003 年被国家建设部、国家文物局评为首批中国历史文化名村，区级革命传统教育基地。

门票：35 元 / 人。

开放时间：全天开放。

推荐理由：北京的"小布达拉宫"。

### 2. 百花山

位于北京门头沟区清水镇境内，国家级自然保护区。山坡海拔 1800 ～ 2000 米，最高峰白草畔海拔 2050 米，是北京市第三高峰。

门票：60 元 / 人。

开放时间：4 月 30 日 ～ 10 月 15 日，7：30 ～ 18：00。联系电话：010—61826110。

推荐理由：山地形、地貌、地质条件复杂，百花山主峰景区、百花草甸景区、望海楼景区、白草畔景区各具特色。

---

住芩府：200 ～ 300/ 元。

客房设备：黄芩仙谷芩府客房均为地上一层仿古四合院式建筑，配有花园。室内设备有液晶电视、独立浴室、免费宽频上网。芩府内所有枕头及靠枕均用黄芩填制而成，有保健安神作用。黄芩为主原料的黄芩安神保健枕，获得国家专利。

旅店设施：黄芩仙谷配有商务中心、会议室，商务中心共两层。二层为开露天形式开放平台，首层面积 1000 平方米。

## Day ① Route 日游 建议行程 2 日游

### Day ①

8:00 定慧桥桥出发
10:00 可到达灵水举人村
10:00~12:00 在灵水村内游玩、拍照，寻找《爸爸去哪儿》第一季第一集的踪迹
12:00~14:00 在村内农家院午餐
14:00~15:00 驱车前往黄芩仙谷，办理入住
15:00~17:00 在园区内游玩、拍照
17:00~20:00 在园区内品尝芩宴
20:00~22:00 自由活动

### Day ②

8:00~9:00 早餐
9:00~10:00 采摘、退房
10:00 可返程，或前往爨底下村或百花山游玩

## 定慧桥→黄芩仙谷　详细路书

总里程：78.02 公里

| 编号 | 起点 | 公里数 | 照片编号 | 道路状况 |
|---|---|---|---|---|
| 1 | 西四环定慧桥（阜石高架路） | 0 | 1 | 快速道路 |
| 2 | 沿阜石路行驶至双峪路口，右转进入石担路，担礼方向 | 15 | 2 | 快速道路 |
| 3 | 沿石担路行驶至城子大街南口，右转继续进入石担路，灵山、G109方向 | 3.0 | 3 | 郊区道路 |
| 4 | 继续沿石担路行驶，接入G109 | 9.3 | — | 国道道路 |
| 5 | 沿G109行驶至下苇甸路口，右转继续驶入G109，涿鹿、灵水方向 | 4.0 | 4 | 国道道路 |
| 6 | 沿G109行驶至芹峪路口，左转继续沿G109行驶，斋堂、涿鹿方向 | 20.5 | 5 | 国道道路 |
| 7 | 沿G109行驶至青龙涧路口（爨底村路口），直行进入斋柏路、爨柏景区、黄草梁方向 | 25.4 | 6 | 国道道路 |
| 8 | 沿斋柏路行驶，见宾馆、芩府山庄广告牌，左转 | 0.69 | 7 | 村级道路 |
| 9 | 沿路行驶，即可到达终点 | 0.13 | 8 | 村级道路 |

## DATA

名称：北京黄芩仙谷旅游开发有限公司
星等级：国家3A级景区；市级4星、国家级黄芩种植培训示范基地、中医药文化旅游示范基地
地址：北京市门头沟区斋堂镇川柏景区大门楼1号
邮编：102300
联系电话：010-60801451 / 69856597
联系手机：13146262616 / 13810047259
传真：010-69856597
E-MAIL：Bjcmy3510@126.com
网址：www.jurencun.com
网店网址：http://shop103195247.taobao.com/
银联卡：可用
信用卡：可用
停车场地：有8000平方米停车场，可容纳50辆大轿车停靠

## 门头沟区 ▶ 京西古道景区

京西古道景区位于门头沟区妙峰山镇水峪嘴村，集古道、牛角岭关城、老爷庙、村志和古道博物馆、军事酒吧、书画苑、塘坝水景、农业观光采摘园等景观于一体，更有马帮宴席、古道驿栈等特色食宿服务，可同时容纳500人就餐、100人住宿。

### 推荐理由

无论是村子里的古战场遗址，还是古道、牛角岭关城、老爷庙、古道博物馆、军事酒吧，都极具历史感与文化感。山野采摘之余品味马帮宴，住古道驿栈，体验"西风古道瘦马"、马蹄声声的马帮生活。

### 采摘品种

樱桃、薄皮核桃、苹果、柿子、桃子、李子、杏和红果等水果；黄瓜、豆角、莴笋、菜花、韭菜、香葱和香椿等蔬菜。

### 采摘周期

樱桃5月中旬～6月中旬；桃6月中旬～10月初；杏5月下旬～7月中旬；李子6月上旬～9月下旬；红果9月中旬～10月中旬；柿子10月下旬；苹果、薄皮核桃9月中下旬～11月上旬。

特别推荐1：樱桃。
特别推荐2：薄皮核桃。

### 顺路玩

**1. 北京樱桃植物博览园**

详见"门头沟区——北京樱桃植物博览园（1日游）（4星）"篇。（P212）

**2. 京西十八潭**

位于门头沟区安家庄村境内地处海拔1528米的清水尖山峰北麓，以谷深、石奇、水特、花异而著称。

门票：35元/人。

开放时间：8：00～18：00。联系电话：010-61833074。

推荐理由："三瀑六景十八潭"，谷深、石奇、水特、花异，可戏水，可烧烤。

---

住在庄园：3人间150元/天。

客房设备：电视、独立卫浴、免费宽频上网、免费WI-FI和24小时热水。
旅店设施：会议室、KTV和棋牌室。

---

吃在庄园：马帮驿站，人均40元/人，特色马帮菜。

美食推荐1：大棒骨。马帮驿站采用独特手法制作的大棒骨肥而不腻、酱香味浓，可充分体味马帮精神的豪爽大气。
美食推荐2：古道鸡。古道鸡是京西古道景区马帮驿站的特色菜品，采用优质斗鸡制成。

## Day ① 2 Day Route 日游 建议行程

8:00 定慧桥出发
9:30 可到达北京樱桃植物博览园
9:30~11:30 在园区游玩、拍照
11:30~13:30 在园区或附近农家院午餐
13:30~14:30 驱车前往京西古道景区，办

理入住
14:30~17:30 在景区内游玩、拍照
17:30~20:00 在景区马帮驿站晚餐
20:00~22:00 自由活动

## Day ②

8:00~9:00 早餐、退房
9:00 可返程，或前往京西十八潭景区游玩

## 定慧桥→京西古道景区　详细路书

总里程：28 公里

| 编号 | 起点 | 公里数 | 照片编号 | 道路状况 |
|---|---|---|---|---|
| 1 | 西四环定慧桥（阜石高架路） | 0 | 1 | 快速道路 |
| 2 | 沿阜石路行驶至双峪路口，右转进入石担路，担礼方向 | 15 | 2 | 快速道路 |
| 3 | 沿石担路行驶至城子大街南口，右转继续进入石担路，灵山、G109 方向 | 3.0 | 3 | 郊区道路 |
| 4 | 继续沿石担路行驶至野溪漫水桥，左前方下道行驶 | 7.0 | 4 | 郊区道路 |
| 5 | 沿路行驶，见第二个京西古道路牌，左转进村 | 2.0 | 5 | 村级道路 |
| 6 | 沿村路行驶，即可到达终点 | 1.0 | 6 | 山路 |

**DATA**

名称：北京京西古道景区管理中心
简称：京西古道
星等级：市级 3 星
坐标值：N39°97'，E116°05'
地址：门头沟区妙峰山镇水峪嘴村
邮编：102300
联系电话：010-61880498
　　　　　010-61880104
传真：010-61880104
E-MAIL：shuiyuzuicun@163.com
新浪微博：http://weibo.com/u/3670476371
　　　　　（北京京西古道风景区）
停车场地：有 100 个停车位

 终
 极
 路
书

代金券
团体门票 8 折
* 截止 2015 年 12 月 31 日

微信扫一扫
获取电子优惠券

# 神农圃农家乐旅游观光园 北京市级 ★★★

神农圃坐落于北京市门头沟区王平镇，四面环山，依偎古玉河畔，仰望石佛岭千年古道，娴雅静谧。历经数十年风雨洗礼的梧桐树下，具有浓郁山野风情的石屋餐厅，为您提供多种现采现食的时令瓜果菜蔬。神农圃旅游观光园面对京西千年古道，古道以北京城为起点向西、向西北，踏过平原，穿越山峰和沟谷，进入山区腹地并放射至河北、山西、内蒙古……站在这里宛若时空穿越，能感觉到先人从身旁走过。游完千年古道，可以在这里休息餐饮，精巧别致有独立卫生间的小木屋可享受完美私秘空间，园区内提供体育及娱乐设施，供游人享受乡间的夜生活。

## 推荐理由

神农圃历经数十年风雨洗礼的梧桐树下，具有浓郁山野风情的石屋餐厅，为您提供多种现采、现食的时令瓜果菜蔬。在硕大的绿叶伞盖下饮酒谈天、沐风赏月，驼铃和着马踏青石板的哒哒声由远而近近而远。

## 采摘品种

时令瓜果蔬菜。

## 顺路玩

**1. 樱桃植物博览园**

详见"门头沟区——北京樱桃植物博览园（1日游）（4星）"篇。（P212）

**2. 北京京西古道景区**

详见"门头沟区——京西古道景区（1日游）（3星）"篇。（P216）

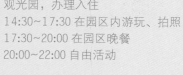

## Day ❶

8:00 定慧桥出发
9:30 可到达北京樱桃植物博览园
9:30~11:30 在园区游玩、拍照
11:30~13:30 在园区或附近农家院午餐
13:30~14:30 驱车前往神农圃农家乐旅游

观光园，办理入住
14:30~17:30 在园区内游玩、拍照
17:30~20:00 在园区晚餐
20:00~22:00 自由活动

## Day ❷

8:00~9:00 早餐
9:00~10:00 采摘、退房
10:00 可返程，或前往京西古道景区游玩

**2** Day Route
日游
建|议|行|程

## 定慧桥→神农圃农家乐旅游观光园　详细路书

总里程：37.8 公里

| 编号 | 起点 | 公里数 | 照片编号 | 道路状况 |
|---|---|---|---|---|
| 1 | 西四环定慧桥（阜石高架路） | 0 | 1 | 快速道路 |
| 2 | 沿阜石路行驶至双峪路口，右转进入石担路，担礼方向 | 15 | 2 | 快速道路 |
| 3 | 沿石担路行驶至城子大街南口，右转继续进入石担路，灵山、G109 方向 | 3.0 | 3 | 郊区道路 |
| 4 | 继续沿石担路行驶，接入 G109 | 9.3 | — | 郊区道路国道道路 |
| 5 | 沿 G109 行驶至下苇甸路口，直行进入下安路，王平、灵山方向 | 4.0 | 4 | 国道道路 |
| 6 | 沿下安路行驶至色树坟村，见神农圃农家乐旅游观光园，右侧下道（胳膊肘弯） | 6.0 | 5 | 郊区道路 |
| 7 | 沿路行驶，即可到达终点 | 0.5 | 6 | 村级道路 |

**DATA**

名称：神农圃农家乐旅游观光园
地址：北京市门头沟区王平镇色树坟
联系电话：010-61857058
联系手机：13366998115 / 13264455911

北京樱桃植物博览园

神农圃农家乐旅游观光园
终

妙峰山镇

北京京西古道景区

西六环

西五环

西四环

阜石路

起
定慧桥

终
极
略
书

# 门头沟区 · 太子墓苹果观光园

**北京市级** ★★★

太子墓苹果观光园位于北京市门头沟区雁翅镇太子墓村，是集农林观光、采摘、餐饮垂钓和休闲生态回归游为一体的综合性林果业园区。太子墓村地处北京西部山区，G109 国道从村前穿过，是北京去往灵山、百花山、暴底下等景区的必经之路，永定河流经本地地界 4 公里，村里 500 亩苹果园就分布在永定河岸，109 国道两侧山清水秀，空气清新，没有工业污染，环境幽雅，民风淳朴，历史传说众多。据太子墓村前永定河的铁索桥头《太子墓村碑记》记载：明代永乐年间，有太子巡幸西山，沿京西古道翻山越岭，至此小驻时，吃到当地产的沙果，奇香无比，惜果实太小，遂命人将沙果与苹果嫁接，所得果实，香味如沙，果大如苹。当地人感谢太子关心农事，将所嫁接之树称之为太子木。而太子也仰慕当地民风淳朴，知恩有报，文人则雅称之为太子慕。太子死后，又葬于此地，人们遂称此地为太子墓，久之成为村名。为太子墓村所产的富士苹果，其味甘甜，其果少渣，其色鲜艳，其形整齐。采摘之余，可顺便去暴底下、黄草梁、柏峪、双石头、灵水、桑峪、斋堂、灵岳寺、王家川等处游玩。

## 推荐理由

太子墓村海拔 288 米，昼夜温差较大，山高气爽，苹果从没有雾潮的现象，鉴于基地独特的地理环境和气候特征，苹果甜脆可口，逐渐形成一种品牌——"太子墓"。该品牌于 2013 年底被评为门头沟区知名商标。

比外，太子墓垂钓园还是观光园区的一大特色，永定河水清澈见底，滋养出的鱼类美味可口，可以让您在游玩之余，一饱口福。

## 采摘品种

红富士苹果。
特别推荐：彭义采摘园的红富士苹果，脆甜可口。

住在庄园：单间（大床）150 元。

客房设备：独立浴室和液晶电视。
旅店设施：人行步道。

吃在庄园：彭家垂钓园和翠彭怡园。
美食推荐：侉炖鱼。永定河清澈的河水，滋养了肉质鲜嫩的家鱼，侉炖做法减少鱼的营养损失，蛋白质不易破坏。

## 顺路玩

**1. 黄芩仙谷**
　　详见"门头沟区——黄芩仙谷（1 日游）（4 星）"篇。（P214）

**2. 北京京西古道景区**
　　详见"门头沟区——京西古道景区（1 日游）（3 星）"篇。（P216）

## Day  1

8:00 定慧桥出发
9:00 可到达京西古道景区
9:30~11:30 在景区游玩、拍照
11:30~13:30 在景区内午餐
13:30~14:30 驱车前往太子墓苹果观光园，办
理入住
14:30~17:30 在园区内游玩、拍照、采摘苹果
17:30~20:00 在园区内晚餐
20:00~22:00 自由活动

## Day 2

8:00~9:00 早餐、退房
9:00 可返程，或前往黄芩仙谷游玩

Day Route
**2** 日游
建 | 议 | 行 | 程

---

# 定慧桥→太子墓苹果观光园　详细路书

总里程：55.8 公里

| 编号 | 起点 | 公里数 | 照片编号 | 道路状况 |
|---|---|---|---|---|
| 1 | 西四环定慧桥（阜石高架路） | 0 | 1 | 快速道路 |
| 2 | 沿阜石路行驶至双峪路口，右转进入石担路，担礼方向 | 15 | 2 | 快速道路 |
| 3 | 沿石担路行驶至城子大街南口，右转继续进入石担路，灵山、G109方向 | 3.0 | 3 | 郊区道路 |
| 4 | 继续沿石担路行驶，进入 G109 | 9.3 | — | 郊区道路国道道路 |
| 5 | 沿 G109 行驶至下苇甸路口，右转继续驶入G109，涿鹿、灵水方向 | 4.0 | 4 | 国道道路 |
| 6 | 沿 G109 行驶至芹峪路口，左转继续沿G109 行驶，斋堂、涿鹿方向 | 20.5 | 5 | 国道道路 |
| 7 | 沿 G109 行驶，即可到达终点 | 4.0 | 6 | 国道道路 |

## DATA

名称：太子墓苹果观光园
地址：北京市门头沟区雁翅镇太子墓村
邮编：102305
联系电话：010-61830040
联系手机：13601291653
传真：010-61830017
E-MAIL：xiumeitaizimu@sina.com
网址：http://www.uninx.com
停车场地：有 3 个停车场

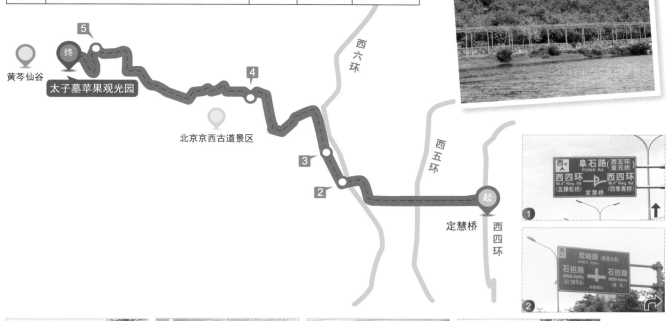

# 门头沟区 北京人间仙境旅游观光园 北京市级 ★★★

北京人间仙境旅游观光园位于北京市门头沟区妙峰山镇斜河涧村，樱桃采摘园配套设施齐全，占地面积 100 亩，园内种植的主要品种为红灯和大紫，年产量可达 5000 千克。园内有 500 米长的步行道和一座休闲凉亭，可供游人休闲采摘，收获期每日可接待游客 300 余人。

## 推荐理由

游客在观光园采摘之余，可欣赏村内藤蔓植物，游览第四纪冰川漂砾、广化寺遗址、千年古银杏树等自然和历史景观，还能在农家乐住宿，品尝可口农家菜。

## 采摘品种

樱桃（红灯、大紫等）。

## 采摘周期

5 月中旬～六月中旬。
特别推荐 1：红灯樱桃。
特别推荐 2：大紫樱桃。

## 顺路玩

**1. 北京樱桃植物博览园**

详见"门头沟区——北京樱桃植物博览园（1 日游）（4 星）"篇。（P212）

**2. 北京京西古道景区**

详情请参见"门头沟区——京西古道景区（1 日游）（3 星）"篇。（P216）

住在庄园：两人间 100 元/天。三人间 150 元/天。四人间 180 元/天。

客房设备：液晶电视（部分有）、独立浴室（以院落为单位）和免费宽频上网（部分有）。

吃在庄园：斜河涧村农家乐，人均 20～30 元。

美食推荐 1：侉炖鱼。传统名菜，属于鲁菜系。侉炖的方法可以减少鱼的营养损失，因为鱼不直接与热油接触。蛋白质不易被破坏，也不会产生致癌物质。

美食推荐 2：卤水豆腐。又称北豆腐，汉族特色豆制品。

## Day ①

8:00 定慧桥出发
9:00 可到达北京京西古道景区
9:30~11:30 在景区游玩、拍照
11:30~13:30 在景区内午餐
13:30~14:30 驱车前往北京人间仙境旅游观光园，办理入住
14:30~17:30 在园区内游玩、拍照
17:30~20:00 在园区内晚餐
20:00~22:00 自由活动

## Day ②

8:00~9:00 早餐，退房
9:00~10:00 采摘
10:00 可返程，或前往北京樱桃植物博览园游玩

**Day Route 2** 日游 建议行程

## 定慧桥→北京人间仙境旅游观光园　详细路书

总里程：28 公里

| 编号 | 起点 | 公里数 | 照片编号 | 道路状况 |
|---|---|---|---|---|
| 1 | 西四环定慧桥（阜石高架路） | 0 | 1 | 快速道路 |
| 2 | 沿阜石路行驶至双峪路口，右转进入石担路，担礼方向 | 15 | 2 | 快速道路 |
| 3 | 沿石担路行驶至城子大街南口，右转继续进入石担路，灵山、G109 方向 | 3.0 | 3 | 郊区道路 |
| 4 | 继续沿石担路行驶至野溪漫水桥，左前方下道行驶 | 7.0 | 4 | 郊区道路 |
| 5 | 沿路行驶，见京西古道路牌，左转上山 | 1.0 | 5 | 村级道路 |
| 6 | 沿山路行驶，即可到达终点 | 2.0 | 6 | 山路 |

### DATA

名称：北京人间仙境旅游观光园
地址：北京市门头沟区妙峰山镇斜河涧村
邮编：102300
联系电话：010-61880124
联系手机：13521242556
停车场：有 1 个停车场

**代金券**
住宿 10 人及以上 9 折

采摘 50 元

\* 人均采摘满 5 斤及以上，免本人果园门票 50 元
\* 截止 2015 年 12 月 31 日

微信扫一扫
获取电子优惠券

北京樱桃植物博览园

西六环

西五环

西四环

北京京西古道景区

终 北京人间仙境旅游观光园

阜石路

起 定慧桥

终极路书

# 门头沟区 孟悟生态园

北京市级 ★ ★ ★

孟悟生态园隶属于北京市门头沟区军庄镇孟悟村经济合作社。孟悟村的全部园区，面积约 1200 亩，四面环山，中间开阔，形成了一个典型的小盆地气候，适宜京白梨树的生长，是门头沟区军庄镇京白梨基地的重要组成部分。同时还种植有乔纳金苹果、红杏、白杏、枣、山楂等，兼种一些蔬菜和粮食作物。

## 推荐理由

北京孟悟生态园位于门头沟区最东部的香山背后，与石景山区、海淀区相临。园内建有度假村、采摘园和绿色蔬菜大棚。不开车的朋友，在苹果园地铁坐 977 支线孟悟村下车即到。

## 采摘品种

京白梨和四季蔬菜。

住在庄园：标间，120 元 / 天。

客房设备：电视和独立浴室。

旅店设施：台球厅、乒乓球厅和卡拉 OK 大歌厅。

吃在庄园：梨香园餐厅，农家菜 10 元 / 人，一桌人均 60 ~ 80 元（含住宿）。

## 顺路玩

**1. 西山大觉寺**

位于北京市海淀区西山大觉寺路 9 号，阳台山麓。

最佳旅游季节：3 月 ~ 11 月。

开放时间：8：00 ~ 17：00。联系电话：010-62456189。

推荐理由：始建于辽代咸雍四年（1068 年），以清泉、古树、玉兰、环境优雅而闻名。

**2. 狂飙乐园**

详细请见前文 P112。

## Day ① 

8:00 定慧桥出发
9:00 可到达狂飙乐园
9:00~11:30 在景区游玩、拍照
11:30~13:30 在景区内或附近农家院午餐
13:30~14:00 驱车前往大觉寺

14:30~17:30 在大觉寺内游玩、拍照
17:30~18:00 驱车前往孟悟生态园，办理入住
18:00~20:00 在生态园内晚餐
20:00~22:00 自由活动

## Day ②

8:00~9:00 早餐、退房
9:00~10:00 采摘
10:00 返程

**2** Day Route 日游 建｜议｜行｜程

# 定慧桥→孟悟生态园　详细路书

总里程：25.65 公里

| 编号 | 起点 | 公里数 | 照片编号 | 道路状况 |
|---|---|---|---|---|
| 1 | 西四环定慧桥（阜石高架路） | 0 | 1 | 快速道路 |
| 2 | 沿阜石路行驶至双峪路口，右转进入石担路，担礼方向 | 15 | 2 | 快速道路 |
| 3 | 沿石担路行驶至城子大街南口，右转继续进入石担路，灵山、G109 方向 | 3.0 | 3 | 郊区道路 |
| 4 | 继续沿石担路行驶至水闸桥西口，右转上桥 | 0.15 | 4 | 郊区道路 |
| 5 | 沿桥直行至三家店西口，左转进入 G109，军庄、涿鹿方向 | 0.7 | 5 | 郊区道路 |
| 6 | 沿 G109 行驶至军庄路口，右转进入军温路，军庄、温泉方向 | 3.3 | 6 | 郊区道路 |
| 7 | 沿军温路至杨坨路口，右转，东山方向 | 1.5 | 7 | 郊区道路 |
| 8 | 沿路行驶，即可到达终点 | 2.0 | 8 | 郊区道路 |

## DATA

名称：孟悟生态园
星等级：市级 3 星
地址：北京市门头沟区军庄镇孟悟村
邮编：102300
联系电话：010-60810784 / 60813947
传真：010-60810233
停车场地：有 60 ~ 70 个停车位

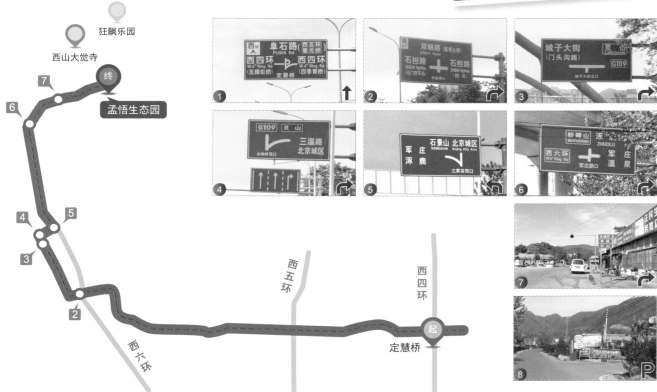

终
极
路
书

# 门头沟区 ❭ 北京琨樱谷山庄

北京市级 ★ ★ ★

北京琨樱谷山庄坐落于门头沟王平镇瓜草地村玉女峰山脚下，地处潭柘寺、戒台寺、灵山、百花山、妙峰山等诸多京郊著名景点的清爽怀抱中。度假村拥有标间、套房、豪华间等各种房型，日接待能力 200 余人，并配有 KTV，各种棋牌，以及大小会议室等设施。集住宿、采摘、餐饮、娱乐、休闲、会议、景区游览、拓展训练于一体。5 月 ~ 7 月有 500 亩樱桃供游客采摘。

## 推荐理由

北京琨樱谷山庄山高谷深、林幽草密，有千年的古树和飞溅的深龙潭，是集餐饮、娱乐、会议、采摘、观光于一体的新型生态度假村。

## 采摘品种

樱桃。

## 采摘周期

5 月下旬 ~ 7 月中旬。

特别推荐：红灯、大紫、早大果、美早、那翁、红蜜等品种的樱桃。樱桃园内树木由山泉水灌溉，使用有机肥施肥，不打农药。由于生长在高山区，昼夜温差大，日照光足，所产出的樱桃果大、皮薄、多汁且特甜。

吃在庄园：农家饭。

## 顺路玩

### 1. 北京樱桃植物博览园

详见"门头沟区——北京樱桃植物博览园（1 日游）（4 星）"篇。（P212）

### 2. 北京京西古道景区

位于门头沟区妙峰山镇水峪嘴村。

详情请参见"门头沟区——京西古道景区（1 日游）（3 星）"篇。（P216）

住在庄园：有标间、套房、豪华间。

客房设备：电视、空调、独立浴室和免费宽频上网。

旅店设施：KTV、垂钓和会议室。

## Day ①

**2 Day Route 日游**
**建｜议｜行｜程**

8:00 定慧桥出发
9:30 可到达北京樱桃植物博览园
9:00~11:30 在景区游玩、拍照
11:30~13:30 在景区内或附近农家院午餐
13:30~14:30 驱车前往北京琨樱谷山庄，办

理入住
14:30~17:30 在山庄内游玩、拍照
17:30~20:00 在山庄内晚餐
20:00~22:00 自由活动

## Day ②

8:00~9:00 早餐、退房
9:00~10:00 采摘
10:00 可返程，或前往北京京西古道景区游玩

## 定慧桥　详细路书

总里程：41.6 公里

| 编号 | 起点 | 公里数 | 照片编号 | 道路状况 |
|---|---|---|---|---|
| 1 | 西四环定慧桥（阜石高架路） | 0 | 1 | 快速道路 |
| 2 | 沿阜石路行驶至双峪路口，右转进入石担路，担礼方向 | 15 | 2 | 快速道路 |
| 3 | 沿石担路行驶至城子大街南口，右转继续进入石担路，灵山、G109 方向 | 3.0 | 3 | 郊区道路 |
| 4 | 继续沿石担路行驶，接入 G109 | 9.3 | — | 郊区道路<br>国道道路 |
| 5 | 沿 G109 行驶至下苇甸路口，直行进入下安路，王平、灵山方向 | 4.0 | 4 | 国道道路 |
| 6 | 沿下安路行驶至王平路口，左转，潭柘寺方向 | 7.0 | 5 | 郊区道路 |
| 7 | 沿路行驶至瓜草地路口，左转进入山路 | 1.5 | 6 | 山路 |
| 8 | 沿山路行驶至岔路口，见路标北京琨樱谷山庄，直行 | 1.5 | 7 | 山路 |
| 9 | 沿路行驶，即可到达终点 | 0.3 | 8 | 山路 |

**DATA**

名称：北京琨樱谷山庄
地址：北京市门头沟区王平镇瓜草地村
邮编：102300
联系电话：61858898
联系手机：13910927150
停车场地：有停车场

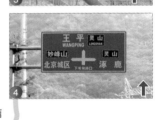

北京樱桃植物博览园

西

西六环

西五环

西四环

北京京西古道景区

阜石路

终
北京琨樱谷山庄

起 定慧桥

# 门头沟区 ◀ 天盛湖养鱼场

国家级 ★ ★ ★

北京天盛湖农家乐旅游观光园（天盛湖养鱼场）坐落于门头沟区雁翅镇淤白村南山沟，距离市中心约 70 公里，是集垂钓、采摘、休闲、餐饮、观光、住宿等综合服务为一体的典型生态旅游观光带。

## 推荐理由

天盛湖养鱼场的大库库底有暗河，常年涌水，小库为泉眼，常年有泉水流出，水库水质极好，风景秀丽，鱼肥力大，是个难得的垂钓圣地。农家院制作的农家饭菜以当地野生菜肴为主，纯天然又有营养。

## 采摘品种

香椿、葡萄和核桃。

特别推荐 1：香椿。香椿是雁翅镇田庄地区的名优产品，已有 300 多年栽培历史。天盛湖农家乐采摘园里的香椿属于红头香椿，所生产的香椿头大抱拢，香味馥郁，色泽光亮，肉质鲜嫩，营养丰富。

特别推荐 2：红提。红提果穗大，整齐度好，呈紫红色，且肉质坚实而脆，细嫩多汁，香甜可口。

## 采摘周期

香椿 4 月 25 日~5 月 15 日；葡萄 9 月 15 日~10 月 10 日；核桃 8 月 25 日~9 月 15 日。

住在庄园：标间 200 元。

客房设备：独立浴室、免费宽频上网。
旅店设施：会议室。

## 顺路玩

**1. 黄芩仙谷**

请参见"门头沟区—黄芩仙谷）"篇。（P214）

**2. 太子墓苹果观光园**

请参见门头沟区—太子墓苹果观光园）"篇。（P220）

吃在庄园：天盛湖餐厅，约 80 元／人。

美食推荐：侉炖鱼。选用天盛湖里的野生鲤鱼，现钓现做，既鲜美，又营养丰富。

## Day ① 

8:00 从定慧桥出发
10:00 可到达天盛湖渔场
10:00~12:00 办理入住，在景区内可以爬山、拍照

12:00~14:00 在景区内午餐
14:00~18:00 在园区内垂钓或采摘
18:00~20:00 在景区内晚餐
20:00~22:00 自由活动

## Day ②

8:00~9:00 早餐、退房
9:00 可返程，或前往黄芩仙谷或太子墓苹果观光园游玩、采摘

Day Route

**2** 日游 建|议|行|程

## 定慧桥→天盛湖养鱼场　详细路书

总里程：63.8 公里

| 编号 | 起点 | 公里数 | 照片编号 | 道路状况 |
|---|---|---|---|---|
| 1 | 西四环定慧桥（阜石高架路） | 0 | 1 | 快速道路 |
| 2 | 沿阜石路行驶至双峪路口，右转进入石担路，担礼方向 | 15 | 2 | 快速道路 |
| 3 | 沿石担路行驶至城子大街南口，右转继续进入石担路，灵山、G109 方向 | 3.0 | 3 | 郊区道路 |
| 4 | 继续沿石担路行驶，进入 G109 | 9.3 | — | 郊区道路 国道道路 |
| 5 | 沿 G109 行驶至下苇甸路口，右转继续驶入 G109，涿鹿、灵水方向 | 4.0 | 4 | 国道道路 |
| 6 | 沿 G109 行驶至芹峪路口，右转南口 / 昌平方向，进入南雁路 | 20.5 | 5 | 郊区道路 |
| 7 | 沿南雁路行驶，见天盛湖景区指示牌，右后方转弯 | 11.5 | 6 | 郊区道路 |
| 8 | 沿路行驶，即可到达终点 | 0.5 | 7 | 村级道路 |

### ■ DATA

名称：天盛湖养鱼场　　地址：北京市门头沟区雁翅镇淤白村
邮编：102305　　　　　联系电话：010-61837509
联系手机：13501235643　E-MAIL：903543336@qq.com
传真：010-61837041　　停车场地：有 50 个停车位

终极路书

# 门头沟区 西马各庄采摘园

北京西马各庄采摘园位于西马各庄村山上果园基地内，樱桃种植面积400亩，黑珍珠、红灯、大紫美早、黄香蕉和玫瑰等10多个品种。果园地处九龙山，群山掩映之中，采用山泉水灌溉，确保了果品的有机健康品质。果园基地还种有100亩的京白梨和日韩梨。园内所产的京白梨和樱桃都连续多年通过有机食品认证检验。

## 推荐理由

采摘园属于韭园沟域内，采摘的同时转转碉楼、牛角岭关城、京西古道（韭园—牛角岭段和东石古道段），看看大寨、三义庙、关帝庙、马致远故居和古道商铺等历史遗存，品味"西风古道瘦马"的感觉。

## 采摘品种

有机樱桃、日韩梨、京白梨和核桃。
特别推荐1：有机樱桃。
特别推荐2：京白梨。

## 采摘周期

有机樱桃5～6月，日韩梨和京白梨8～9月，核桃9～10月。

## 顺路玩

**1. 北京人间仙境旅游观光园**

请参见"门头沟—北京人间仙境旅游观光园（3星）"篇。（P222）

**2. 北京京西古道景区**

请参见"门头沟区—京西古道景区（3星）"篇。（P216）

**Day 1**

8:00 从定慧桥出发
9:30 可到达北京人间仙境旅游观光园或北京京西古道景区
9:00~12:00 在景区内游玩、拍照
12:00~14:00 在景区内或附近午餐
14:00~14:30 驱车前往西马各庄采摘园
14:30~16:00 在园区内采摘
16:00 返程

Day Route
1 日游
建|议|行|程

## 定慧桥→西马各庄采摘园　详细路书

总里程：40公里

| 编号 | 起点 | 公里数 | 照片编号 | 道路状况 |
|---|---|---|---|---|
| 1 | 西四环定慧桥（阜石高架路） | 0 | 1 | 快速道路 |
| 2 | 沿阜石路行驶至双峪路口，右转进入石担路，担礼方向 | 15 | 2 | 快速道路 |
| 3 | 沿石担路行驶至城子大街南口，右转继续进入石担路，灵山、G109方向 | 3.0 | 3 | 郊区道路 |
| 4 | 继续沿石担路行驶，进入G109 | 9.3 | — | 郊区道路 国道道路 |
| 5 | 沿G109行驶至下苇甸路口，直行进入下安路，王平、灵山方向 | 4.0 | 4 | 国道道路 |
| 6 | 沿下安路行驶至韭园桥，见韭园村牌楼左转 | 6.4 | 5 | 郊区道路 |
| 7 | 沿路行驶，经东马各庄，见西马各庄采摘园（南港村）指示牌，右转（进山） | 1.3 | 6 | 村级道路 |
| 8 | 沿山路行驶，见指示牌，即可到达终点 | 1.0 | 7 | 山路 |

### DATA

名称：西马各庄采摘园
地址：北京市门头沟区王平镇西马各庄村村委会向西南1200米
邮编：102301
联系电话：010-61859442
联系手机：13910501295
传真：010-61857263
E-MAIL：394057328@qq.com
停车场地：有150个停车位

终
极
路
书

北京京西古道景区

西马各庄采摘园

北京人间仙境旅游观光园

西
六
阜
石
环
西
五
环
路
西
四
环

起 定慧桥

## 门头沟区 ▶ 阿芳嫂山茶店 / 清水龙江居酒家

北京清水龙江居酒家（阿芳嫂山茶店）位于清水镇上清水 G109 国道北侧，以经营山乡特色菜为主，包括各种山野菜、黄芩宴和乳水豆腐等，并能提供食宿。

### 👍 推荐理由

北京清水腾达乡村旅游联合社的黄芩茶非常有名。门头沟山里有诸多条自驾、徒步、骑行线路，吃住游一条龙玩下来很方便。

清水腾达乡村旅游联合社是由十一家不同类别的合作社组成的，各分社的经营不同，特色不同。我们有天河水养华都肉鸡、老忠客栈山羊宴、大山核桃庄园、西良小香猪、东北百果园、野猪宴、聚兰兴柴猪园、百灵蜂蜜园、兰泉体验园、张庄茏养园、坤态百药园、阿芳嫂山茶采集加工园，联社不但有吃有住，还有真正地道的农家产品，核桃杏仁、山羊肉、柴鸡肉、野生黄芩茶、将军茶小香、野猪肉柴猪肉、蜂蜜、香猪肉、土豆粉等各具特色。在这里游客能安心的吃住，尽情的体验，放心的购物。

### 采摘品种

黄芩茶。

特别推荐：黄芩茶，高山顶。黄芩茶属于保健代用茶，具有降脂降压、排毒养颜、安神祛火等多种功效。

**DATA**

名称：北京清水龙江居酒家（阿芳嫂册茶店）
星等级：3 级
地址：北京市门头沟区清水镇上清水村
邮编：102311
联系电话：010-60855160
联系手机：15810854519
E-MAIL：1831426463@qq.com
停车场地：有停车场

**代金券** 惠
**满 10 斤送 2 斤**

餐饮 8.5 折
住宿 8 折
垂钓 20 元
*截止 2015 年 12 月 31 日

微信扫一扫
获取电子优惠券

住在庄园：平房，50~100 元 / 人。

吃在庄园：龙江居酒家，30~50 元 / 人

美食推荐 1：山野菜类。天麻、山柳叶、苦苣菜、情人菜等。风味独特，新鲜爽口，绿色无公害食品。

美食推荐 2：清水豆腐。采用民间传统手工制作方法，颜色淡黄，口感滑嫩，具有浓郁的豆香味。

美食推荐 3：有机小米。清水种植，生长期不使用化肥农药，真正的有机绿色食品。

美食推荐 4：京西毛尖茶。这是门头沟区灵山地区特有的天然野生植物物种，生长在海拔 2000 多米的灵山，常年备受风寒历练，形状与口感独特，具有消炎、排毒、利尿等功效。

**Day ①**

8:00 定慧桥出发
11:30 可到达老忠客栈
11:30~13:30 在老忠客栈午餐
13:30~14:30 驱车前往兴百灵养蜂专业合作社

14:00~16:00 在兴百灵进行游玩、拍照、采蜜
16:00~16:30 驱车返回到阿芳嫂山茶店/龙江居酒家或农家院，办理入住
17:30~20:00 在龙江居酒家或农家院晚餐
20:00~22:00 自由活动

**Day ②**

8:00~9:00 早餐、退房
10:00 可返程，或前往

**2 Day Route 日游 建议行程**

## 定慧桥→阿芳嫂山茶店 / 清水龙江居酒家　详细路书

总里程：85.8 公里

| 编号 | 起点 | 公里数 | 照片编号 | 道路状况 |
|---|---|---|---|---|
| 1 | 西四环定慧桥（阜石高架路） | 0 | 1 | 快速道路 |
| 2 | 沿阜石路行驶至双峪路口，右转进入石担路，担礼方向 | 15 | 2 | 快速道路 |
| 3 | 沿石担路行驶至城子大街南口，右转继续进入石担路，灵山、G109方向 | 3.0 | 3 | 郊区道路 |
| 4 | 继续沿石担路行驶，接入G109 | 9.3 | — | 国道道路 |
| 5 | 沿G109行驶至下苇甸路口，右转继续驶入G109，涿鹿、灵水方向 | 4.0 | 4 | 国道道路 |
| 6 | 沿G109行驶至芹峪路口，左转继续沿G109行驶，斋堂、涿鹿方向 | 20.5 | 5 | 国道道路 |
| 7 | 沿G109行驶，即可到达终点 | 34 | 6 | 国道道路 |

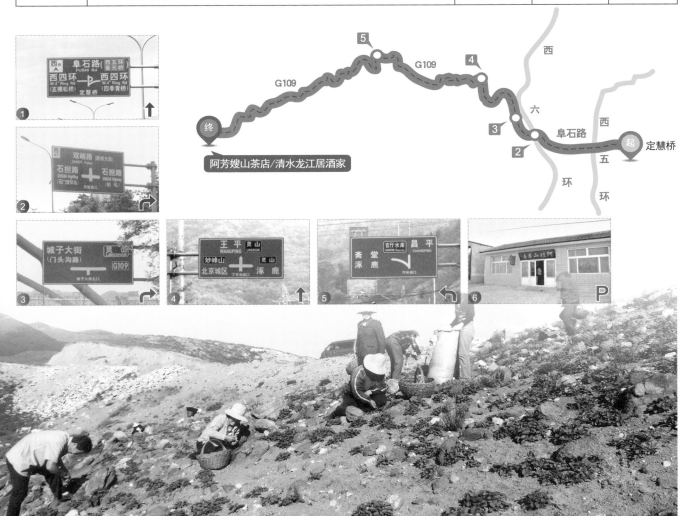

# 门头沟区　北京崇安沟生态观光园　北京市级 ★ ★

北京崇安沟生态观光园（老忠客栈）位于北京门头沟清水镇杜家庄崇安沟（G109 国道北侧），这里有自家养的山羊，自种的核桃和玫瑰花，可提供食宿，是个休闲度假的好去处。

## 👍 推荐理由

清水腾达乡村旅游联合社是由十一家不同类别的合作社组成的，各分社的经营不同，特色不同。我们有天河水养华都肉鸡、老忠客栈山羊宴、大山核桃庄园、西良小香猪、东北百果园、野猪宴、聚兰兴柴猪园、百灵蜂蜜园、兰泉体验园、张庄茏养园、坤态百药园、阿芳嫂山茶采集加工园，联社不但有吃有住，还有真正地道的农家产品，核桃杏仁、山羊肉、柴鸡肉、野生黄芩茶、将军茶小香、野猪肉柴猪肉、蜂蜜、香猪肉、土豆粉等各具特色。在这里游客能安心的吃住，尽情的体验，放心的购物。

## 采摘品种

核桃。
特别推荐：核桃。清水深山环境好，气候好，无霜期长，所生长的老核桃、薄皮核桃个大、仁儿香。

## 采摘品种

7 ~ 8 月。

住在庄园：平房，30~80 元 / 人。

客房设备：有电视、独立浴室和卡拉 OK 等。
旅店设施：电视和浴室。

### DATA

名称：北京崇安沟生态观光园
星等级：市级 2 星
地址：北京市门头沟区清水镇杜家庄村前街 89 号
邮编：102311
联系电话：13716297756
停车场地：有 20 个停车位

吃在庄园：老忠客栈，30~70 元 / 人。

美食推荐 1：山羊肉。农民山中散养的山羊，自己屠宰加工。肉鲜味浓，营养价值高。
美食推荐 2：柴鸡蛋。柴鸡在山林散养，吃虫、草、叶长大。所产鸡蛋蛋黄香甜，健脑益智，保护肝脏，营养价值高，是名符其实的有机产品。

# 定慧桥→北京崇安沟生态观光园　详细路书

总里程：92.1 公里

| 编号 | 起点 | 公里数 | 照片编号 | 道路状况 |
|---|---|---|---|---|
| 1 | 西四环定慧桥（阜石高架路） | 0 | 1 | 快速道路 |
| 2 | 沿阜石路行驶至双峪路口，右转进入石担路，担礼方向 | 15 | 2 | 快速道路 |
| 3 | 沿石担路行驶至城子大街南口，右转继续进入石担路，灵山、G109方向 | 3.0 | 3 | 郊区道路 |
| 4 | 继续沿石担路行驶，接入 G109 | 9.3 | — | 国道道路 |
| 5 | 沿 G109 行驶至下苇甸路口，右转继续驶入 G109，涿鹿、灵水方向 | 4.0 | 4 | 国道道路 |
| 6 | 沿 G109 行驶至芹峪路口，左转继续沿 G109 行驶，斋堂、涿鹿方向 | 20.5 | 5 | 国道道路 |
| 7 | 阿芳嫂山茶店 / 龙江居酒家 | 34 | 6 | 国道道路 |
| 8 | 沿 G109 行驶，即可到达终点 | 6.3 | 7 | 国道道路 |

北京崇安沟生态观光园

终极路书

# 门头沟区 兴百灵养蜂观光园 北京市级 ★★

北京兴百灵养蜂观光园（百灵蜂业、京西白蜜）有蜜蜂5000多群，生产地标性产品"京西白蜜"，是全国蜂业示范社。

## 推荐理由

清水腾达乡村旅游联合社是由十一家不同类别的合作社组成的，各分社的经营不同，特色不同。我们有天河水养华都肉鸡、老忠客栈山羊宴、大山核桃庄园、西良小香猪、东北百果园、野猪宴、聚兰兴柴猪园、百灵蜂蜜园、兰泉体验园、张庄茏养园、坤态百药园、阿芳嫂山茶采集加工园，联社不但有吃有住，还有真正地道的农家产品，核桃杏仁、山羊肉、柴鸡肉、野生黄芩茶、将军茶小香、野猪肉柴猪肉、蜂蜜、香猪肉、土豆粉等各具特色。在这里游客能安心的吃住，尽情的体验，放心的购物。

美食推荐1：蜂蜜：京西白蜜、杨槐蜜、枣花蜜和荆条蜜都是天然蜂蜜。蜜蜂是老百姓自家放养，采集荆花、黄芩花等花粉，制出荆花蜜、百花蜜等产品，口味纯正。
美食推荐2：花粉。菜籽花粉和百花粉。
美食推荐3：蜂王浆。

## DATA

名称：北京兴百灵养蜂观光园（百灵蜂业、京西白蜜）
星等级：市级2星
邮编：102311
联系手机：13811222090
E-MAIL：bjxblyfzyhzs@163.com

地址：北京市门头沟区清水镇台上村
联系电话：010-61828466
传真：010-61828466
停车场地：有停车场

# 定慧桥→兴百灵养蜂观光园　详细路书

总里程：92.1公里

| 编号 | 起点 | 公里数 | 照片编号 | 道路状况 |
|------|------|--------|----------|----------|
| 1 | 西四环定慧桥（阜石高架路） | 0 | 1 | 快速道路 |
| 2 | 沿阜石路行驶至双峪路口，右转进入石担路，担礼方向 | 15 | 2 | 快速道路 |
| 3 | 沿石担路行驶至城子大街南口，右转继续进入石担路，灵山、G109方向 | 3.0 | 3 | 郊区道路 |
| 4 | 继续沿石担路行驶，接入G109 | 9.3 | — | 国道道路 |
| 5 | 沿G109行驶至下苇甸路口，右转继续驶入G109，涿鹿、灵水方向 | 4.0 | 4 | 国道道路 |
| 6 | 沿G109行驶至芹峪路口，左转继续沿G109行驶，斋堂、涿鹿方向 | 20.5 | 5 | 国道道路 |
| 7 | 阿芳嫂山茶店／龙江居酒家（对面） | 34 | 6 | 国道道路 |
| 8 | 向东沿G109行驶至上清水路口，左转龙门涧方向，进入上燕路 | 0.1 | 7 | 国道道路 |
| 9 | 沿上燕路行驶，见梁家庄指示牌，左转进入台上村 | 5.8 | 8 | 郊区道路 |
| 10 | 沿村路行驶到尽头，左转 | 0.3 | 9 | 村级道路 |
| 11 | 沿路行驶，路右侧即可到达终点 | 0.1 | 10 | 村级道路 |

代金券
满10斤送2斤
餐饮 8.5 折
住宿 8 折
垂钓 20 元
* 截止 2015 年 12 月 31 日

微信扫一扫
获取电子优惠券

# 门头沟区 百花野味香

北京百安园食用菌种植专业合作社（百花野味香）主营野山猪、香猪、乳鸽、山羊、黑木耳、高山苹果和李子等特色种植业和养殖农业。种植的水果品种引自东北寒地，不使用化肥农药，口味甘甜，贮藏期长。果园还可以提供采摘、配送的服务。

## 推荐理由

清水腾达乡村旅游联合社是由十一家不同类别的合作社组成的，各分社的经营不同，特色不同。我们有天河水养华都肉鸡、老忠客栈山羊宴、大山核桃庄园、西良小香猪、东北百果园、野猪宴、聚兰兴柴猪园、百灵蜂蜜园、兰泉体验园、张庄笼养园、坤态百药园、阿芳嫂山茶采集加工园，联社不但有吃有住，还有真正地道的农家产品，核桃杏仁、山羊肉、柴鸡肉、野生黄芩茶、将军茶小香、野猪肉柴猪肉、蜂蜜、香猪肉、土豆粉等各具特色。在这里游客能安心的吃住，尽情的体验，放心的购物。

## 采摘品种

苹果、龙凤果、南国梨和黑木耳等。

## 采摘周期

7 ～ 10 月份。

住在庄园：南房 40 间，可接待 100 人。50～100 元 / 人。

客房设备：有电视、独立浴室。

旅店设施：会议室。和卡拉 OK 等

### DATA

名称：北京百安园食用菌种植专业合作社（百花野味香）

星等级：市级 3 星

地址：北京市门头沟区清水镇黄安坨村

邮编：102311

联系电话：010-61826053 / 13366691960

传真：010-61826053

E-MAIL：249966627@qq.com

停车场地：有 30 个停车位。

吃在庄园：百花野味香，30～80 元 / 人。

美食推荐 1：有机黑木耳。具有益智健脑、滋养强壮、补血治气、滋阴润燥、清肺益气、镇静止痛等作用。

美食推荐 2：野猪肉。引自东北吉林山上的纯种野生猪，采用散养模式，脂肪含量低，肉质结实，味道鲜美，是纯绿色的有机食品。

美食推荐 3：香猪肉。香猪个小肉嫩，整猪长只有 60 厘米，制作成烤乳猪、炒食、炖食都很鲜美。

美食推荐 4：乳鸽。本地乳鸽是纯散养，以山中虫、草等为食。味道而嫩，鸽肉鲜美，滋养作用较强。

## Day 1

8:00 定慧桥出发
11:30 可到达百花野味香，办理
入住（三餐均在这里）
11:30~13:30 午餐

13:30~17:30 驱车前往/返回 百花山
17:30~20:00 晚餐
20:00~22:00 自由活动

## Day 2

8:00~9:00 早餐、退房
10:00 可返程，或前往小龙门国家森林公园游玩

**2 日游** Day Route
建议行程

# 定慧桥 → 百花野味香　详细路书

总里程：106.2 公里

| 编号 | 起点 | 公里数 | 照片编号 | 道路状况 |
|---|---|---|---|---|
| 1 | 西四环定慧桥（阜石高架路） | 0 | 1 | 快速道路 |
| 2 | 沿阜石路行驶至双峪路口，右转进入石担路，担礼方向 | 15 | 2 | 快速道路 |
| 3 | 沿石担路行驶至城子大街南口，右转继续进入石担路，灵山、G109方向 | 3.0 | 3 | 郊区道路 |
| 4 | 继续沿石担路行驶，接入 G109 | 9.3 | — | 国道道路 |
| 5 | 沿 G109 行驶至下苇甸路口，右转继续驶入 G109，涿鹿、灵水方向 | 4.0 | 4 | 国道道路 |
| 6 | 沿 G109 行驶至芹峪路口，左转继续沿 G109 行驶，斋堂、涿鹿方向 | 20.5 | 5 | 国道道路 |
| 7 | 阿芳嫂山茶店／龙江居酒家 | 34 | 6 | 国道道路 |
| 8 | 沿 G109 行驶至塔河路口，左转百花山方向，进入百花山路 | 5.0 | 7 | 国道道路 |
| 9 | 沿百花山路行驶，见黄安坨路牌，左转进入双黄路（山路） | 8.0 | 8 | 山区道路 |
| 10 | 沿双黄路行驶，进入黄安坨村，见百花野味香指示牌，左转 | 7.1 | 9 | 村级道路 |
| 11 | 沿路行驶，道路尽头即可到达终点 | 0.2 | 10 | 村级道路 |

**代金券** 惠
满 10 斤送 2 斤
餐饮 8.5 折
住宿 8 折
垂钓 20 元
* 截止 2015 年 12 月 31 日

微信扫一扫
获取电子优惠券

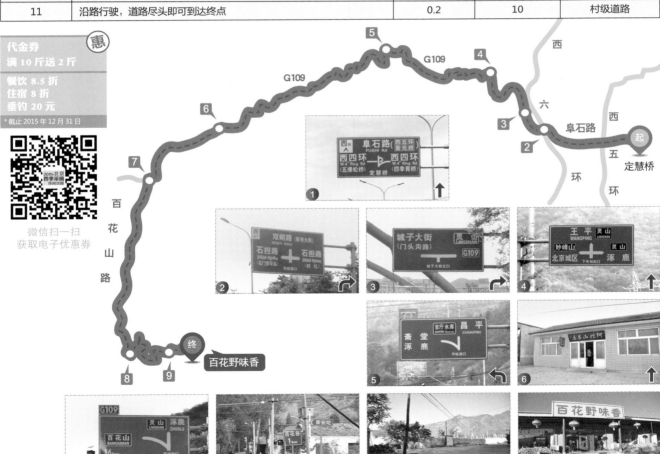

# 门头沟区 ▷ 北京国际核桃庄园

大山山货是以高新农业技术开发为主导、农副产品深加工为配套，集开发、生产、销售于一体的集体企业。

## 推荐理由

清水腾达乡村旅游联合社是由十一家不同类别的合作社组成的，各分社的经营不同，特色不同。我们有天河水养华都肉鸡、老忠客栈山羊宴、大山核桃庄园、西良小香猪、东北百果园、野猪宴、聚兰兴柴猪园、百灵蜂蜜园、兰泉体验园、张庄茏养园、坤态百药园、阿芳嫂山茶采集加工园，联社不但有吃有住，还有真正地道的农家产品，核桃杏仁、山羊肉、柴鸡肉、野生黄芩茶、将军茶小香、野猪肉柴猪肉、蜂蜜、香猪肉、土豆粉等各具特色。在这里游客能安心的吃住，尽情的体验，放心的购物。

## 采摘品种

核桃。

特别推荐 1：核桃。清水深山环境好，气候好，无霜期长，所生长的老核桃、薄皮核桃个大、仁儿香，是补脑健体的理想食品。

特别推荐 2：天然蜂蜜。百姓自家放养的蜜蜂，采集荆花、黄芩花等花粉，制出荆花蜜、百花蜜等产品，口味纯正，不添加其他成分。

## 采摘品种

8 ~ 9 月。

住在庄园：100 元 / 人。

客房设备：有电视和浴室。

旅店设施：会议室。

### DATA

名称：北京大山鑫港核桃种植专业合作社（核桃庄园）

星等级：市级 3 星

地址：北京市门头沟区清水镇小龙门

邮编：102300

联系电话：010-6986 8524，13910529894

传真：010-69828663

停车场地：有 30 个停车位

吃在庄园：核桃村的核桃宴。30~80 元 / 人。

美食推荐 1：核桃宴。造型美观，口味独特，充分利用了核桃的价值和各种功效，符合营养需求和食补食疗的养生之道。

## Day ① ①

8:00 定慧桥出发
11:30 可到达北京国际核桃庄
园，办理入住
11:30~13:30 在庄园午餐

13:30~14:30 午休及自由活动
14:30~17:30 游玩在庄园
17:30~20:00 在庄园内晚餐
20:00~22:00 自由活动

## Day ②

8:00~9:00 早餐、退房
10:00 可返程，或前往小龙门国家森林公园或百花山游玩

**2** Day Route 日 游 建|议|行|程

## 定慧桥→北京国际核桃庄园　详细路书

总里程：100.3 公里

| 编号 | 起点 | 公里数 | 照片编号 | 道路状况 |
|---|---|---|---|---|
| 1 | 西四环定慧桥（阜石高架路） | 0 | 1 | 快速道路 |
| 2 | 沿阜石路行驶至双峪路口，右转进入石担路，担礼方向 | 15 | 2 | 快速道路 |
| 3 | 沿石担路行驶至城子大街南口，右转继续进入石担路，灵山、G109 方向 | 3.0 | 3 | 郊区道路 |
| 4 | 继续沿石担路行驶，接入 G109 | 9.3 | — | 国道道路 |
| 5 | 沿 G109 行驶至下苇甸路口，右转继续驶入 G109，涿鹿、灵水方向 | 4.0 | 4 | 国道道路 |
| 6 | 沿 G109 行驶至芹峪路口，左转继续沿 G109 行驶，斋堂、涿鹿方向 | 20.5 | 5 | 国道道路 |
| 7 | 阿芳嫂山茶店／龙江居酒家 | 34 | 6 | 国道道路 |
| 8 | 沿 G109 行驶至双塘涧路口，靠左继续沿 G109 行驶，小龙门森林公园、涿鹿方向 | 13.5 | 7 | 国道道路 |
| 9 | 继续沿 G109 行驶，道路右侧上坡即可到达终点 | 1.0 | 8 | 国道道路 |

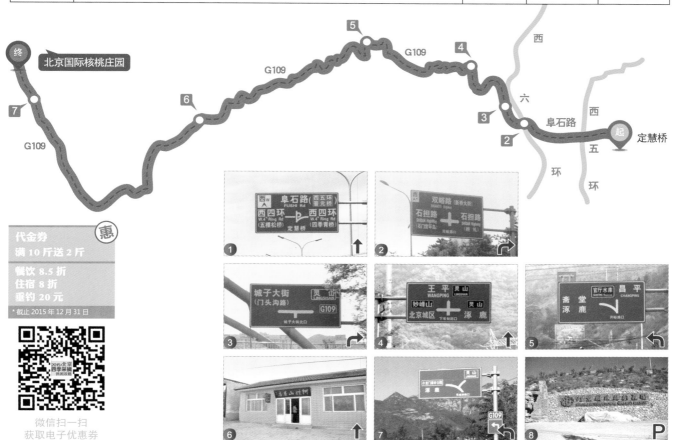

**代金券**
满 10 斤送 2 斤
餐饮 8.5 折
住宿 8 折
垂钓 20 元
* 截止 2015 年 12 月 31 日

微信扫一扫
获取电子优惠券

# 附录：北京市星级园区目录（全）

续表

| 区县 | 名称 | 星级 | 联系电话 | 地址 |
|------|------|------|---------|------|
| 密云县 | 仙居谷自然风景区 | 北京市级★★★★ | 69035388 | 密云县太师屯镇令公村 |
| 密云县 | 北京张裕爱斐堡国际酒庄 | 北京市级★★★★★ | 89092999 | 密云县巨各庄镇东白岩 |
| 密云县 | 聚陇山庄 | 北京市级★★★★★ | 89093636 | 密云县巨各庄镇蔡家洼路甲2号 |
| 密云县 | 天葡庄园 | 北京市级★★★★ | 61069199 | 密云县巨各庄镇黄各庄村村南200米 |
| 密云县 | 康顺达农业观光园 | 北京市级★★★★ | 52979226 | 密云县河南寨镇平头村西北京康顺达农业科技有限公司 |
| 密云县 | 梦田薰衣草园 | 北京市级★★★★ | 81098688 | 密云县不老屯镇燕落村 |
| 密云县 | 奥仪凯源生态农业园 | 北京市级★★★ | 61069098 | 密云县穆家峪镇前栗园村村北 |
| 密云县 | 青菁顶自然风景区 | 北京市级★★★ | 61025909 | 密云县石城镇琉辛路125号 |
| 密云县 | 百年栗园 | 北京市级★★★ | 89010076 | 密云县穆家峪镇后栗园村 |
| 密云县 | 不老生态园 | 北京市级★★★ | 81091198 | 密云县不老屯镇西学各庄村西街22号 |
| 密云县 | 盛阳香草艺术庄园（紫海香堤香草艺术庄园） | 北京市级★★★ | 81053002 | 密云县古北口镇汤河村 |
| 密云县 | 北京秀水生态农业观光园（楚乡人家） | 北京市级★★★ | 69015656 | 密云县溪翁庄镇尖岩村 |
| 密云县 | 来缘山庄 | 北京市级★★★ | 61072888/218 | 密云县大城子镇河下村东200米 |
| 密云县 | 北京青树林民俗饭庄 | 北京市级★★★ | 13716129720 | 密云县太师屯镇上安村 |
| 密云县 | 仙龙庄园 | 北京市级★★★ | 61008258 | 密云县西田各庄镇牛盆峪村北 |
| 密云县 | 海华文景农业生态科技园 | 北京市级★★★ | 69043851 | 密云县北庄镇朱家湾 |
| 密云县 | 北京市太师屯双圣峪成雪民俗饭庄 | 北京市级★★★ | 69038698 | 密云县太师屯镇流河屿村双圣峪饭庄 |
| 密云县 | 北京太师屯百味庄园民俗饭庄 | 北京市级★★★ | 13501137192 | 密云县太师屯镇许庄子村 |
| 密云县 | 黄土坎村贡梨采摘园 | | | 密云县不老屯镇黄土坎村 |
| 密云县 | 史庄子村 | | 13716000312 | 密云县不老屯镇史庄子村 |
| 怀柔区 | 鹅和鸭农庄 | 北京市级★★★★★ | 60671024 | 怀柔区桥梓镇北宅村南 |
| 怀柔区 | 鹿世界主题园 | 北京市级★★★★ | 61675598 | 怀柔区杨宋镇安乐庄村312号 |
| 怀柔区 | 顺通虹鳟鱼休闲度假中心 | 北京市级★★★★ | 61626088 | 怀柔区渤海镇田仙峪村北 |
| 怀柔区 | 麒聚华农业生态园 | 北京市级★★★ | 61626338 | 怀柔区渤海镇田仙峪村 |
| 怀柔区 | 北京圣竹种植中心 | 北京市级★★ | 61684089 | 怀柔区北房镇梨园庄101公路南侧50米 |
| 怀柔区 | 凤迎大枣采摘园 | 北京市级★★ | 13601306303 | 怀柔区桥梓镇东凤山村东侧1000米 |
| 顺义区 | 安利隆山庄 | 国家级★★★★★ 北京市级★★★★★ | 60462323 | 顺义区龙湾屯镇山里辛庄村东 |
| 顺义区 | 七彩蝶园 | 北京市级★★★★ | 89422400 | 顺义高丽营镇南郎中村北1000米 |
| 顺义区 | 双河果园 | 北京市级★★★★ | 89477712 | 顺义区南彩镇河北村 |
| 顺义区 | 万科艺园 | 北京市级★★★★ | 69456680 | 顺义区高丽营镇七村 |
| 顺义区 | 北京牡丹文化产业园 | 北京市级★★★★ | 18610665618 | 顺义区赵全营镇板桥村 |
| 顺义区 | 水云天采摘园 | 北京市级★★★ | 60459195 | 顺义区木林镇东沿头村北1000米 |

# 北京市星级园区目录（全）

| 区县 | 名称 | 星级 | 联系电话 | 地址 |
|---|---|---|---|---|
| 顺义区 | 樱桃幽谷 | 北京市级★★★ | 60462756 | 顺义区龙湾屯镇山里辛庄村 |
| 顺义区 | 海顺宏远采摘园 | 北京市级★★★ | 13501033206 | 顺义区北小营镇大胡营村 |
| 顺义区 | 东周丰源生态农庄 | 北京市级★★★ | 61457155 | 顺义区杨镇别庄村 |
| 顺义区 | 锦绣时光农业观光园 | 北京市级★★★ | 60482760 | 顺义区北小营镇榆林村 |
| 顺义区 | 人之初樱桃采摘园 | 北京市级★★★ | 13511080188 | 顺义区南彩镇河北村 |
| 顺义区 | 北京世外苑农场 | 北京市级★★★ | 13511003141 | 顺义区李桥镇 |
| 顺义区 | 顺沿特种蔬菜基地 | 北京市级★★★ | 69485876 | 顺义区李桥镇西树行村 |
| 顺义区 | 北京顺彩新特果林种植中心 | 北京市级★★★ | 13901096533 | 顺义区南彩镇于辛庄村 |
| 顺义区 | 北京绿奥蔬菜合作社 | 北京市级★★★ | 61472238 | 顺义区大孙各庄镇四福庄村四福通大街485号 |
| 顺义区 | 高天顺蔬菜基地 | 北京市级★★★ | 61424396 | 顺义区北务镇小珠宝村 |
| 顺义区 | 喜邦生态园 | 北京市级★★★ | 60489933 | 顺义区北小营镇榆林村 |
| 顺义区 | 金旺农业生态园 | 北京市级★★★ | 61491167 | 顺义区张镇赵各庄 |
| 顺义区 | 岐山果树种植园 | 北京市级★★★ | 13601285766 | 顺义区李桥镇沮沟村 |
| 顺义区 | 北京当益农业生态园 | 北京市级★★★ | 61491936 | 顺义区杨镇顺平路与龙尹璐交叉口 |
| 顺义区 | 北郎中生态观光园 | 北京市级★★★ | 60434371 | 顺义区赵全营镇北郎中村 |
| 顺义区 | 香逸葡萄大观园 | 北京市级★★★ | 61433006 | 顺义区北务镇北务村 |
| 顺义区 | 野菜岛 | 北京市级★★★ | 13311225810 | 顺义区北小营镇东府村 |
| 顺义区 | 东香庭客栈 | 北京市级★★★ | 89481969 | 顺义区李遂镇潮华路8号 |
| 顺义区 | 康鑫源生态农业观光园 | 北京市级★★★ | 61423086 | 顺义区北务镇仓上村东岭地1号 |
| 顺义区 | 北京天东源采摘园 | 北京市级★★★ | 13716147000 | 顺义区北小营镇前鲁各庄村 |
| 顺义区 | 前陆马村观光采摘园 | 北京市级★★ | 13311085515 | 顺义区大孙各庄镇前陆马村 |
| 通州区 | 瑞正园农庄 | 国家级★★★★★<br>北京市级★★★★★ | 80526569 | 通州区张家湾镇小耕垡村瑞正园农庄 |
| 通州区 | 碧海圆 | 国家级★★★★★<br>北京市级★★★★★ | 59016997 | 通州区张家湾镇小北关村 |
| 通州区 | 第五季龙水凤港生态露营农场 | 国家级★★★★★ | 80525299 | 通州区于家务乡大耕垡村东 |
| 通州区 | 金福艺农"番茄联合国" | 北京市级★★★★★ | 61538111 | 通州区台湖镇胡家垡村村委会东100米 |
| 通州区 | 朵朵鲜生态蘑菇园 | 北京市级★★★★ | 69564355 | 通州区永乐店镇 |
| 通州区 | 金篮子生态园 | 北京市级★★★★ | 80551370 | 通州区永乐店镇坚村村委会南1000米 |
| 通州区 | 禾瑞谷（怡水庄园） | 北京市级★★★ | 59015008 | 通州区西集镇郎西村 |
| 海淀区 | 御稻园（稻香小镇） | 北京市级★★★★★ | 56075007 | 海淀区上庄镇西马坊村5119信箱东侧大院 |
| 海淀区 | 尚庄度假村 | 北京市级★★★★ | 82475515 | 海淀区上庄镇李家坟村 |
| 海淀区 | 四季青果林所御林农耕文化园 | 北京市级★★★★ | 62858875 | 海淀区闵庄路68号 |
| 海淀区 | 海舟慧霖葡萄园 | 北京市级★★★★ | 68235366 | 海淀区田村旱河路东侧海舟慧霖葡萄园内 |

# 北京市星级园区目录（全）

| 区县 | 名称 | 星级 | 联系电话 | 地址 |
|---|---|---|---|---|
| 海淀区 | 蓝波绿农蘑菇园（上庄蘑菇园） | 北京市级★★★ | 62475030 | 海淀区上庄镇东小营 281 号 |
| 海淀区 | 凤凰岭樱桃生态示范园 | 北京市级★★★ | 62455523 | 海淀区苏家坨镇凤凰岭路 |
| 海淀区 | 杨家庄采摘园 | 北京市级★★★ | 62463152 | 海淀区温泉镇杨家庄村南 |
| 海淀区 | 京香百果园 | 北京市级★★★ | 62590453 | 海淀区香山南路南河滩 |
| 海淀区 | 北京太舟坞都市菜园 | 北京市级★★★ | 13701220289 | 海淀区温泉镇太舟坞村东 |
| 海淀区 | 白家疃观光采摘园 | 北京市级★★★ | 62454358 | 海淀区温泉镇白家疃村西 |
| 海淀区 | 汇通诺尔狂飙樱桃园 | 北京市级★★★ | 62455588 | 海淀区苏家坨镇南安河路 1 号 |
| 海淀区 | 温泉村观光采摘园 | 北京市级★★★ | 62458474 | 海淀区温泉镇温泉村东 |
| 海淀区 | 北京百旺农业种植园 | 北京市级★★ | 82823830 | 海淀区西北旺镇唐家岭村 5-3 区 |
| 丰台区 | 南宫世界地热博览园 | 国家级★★★★★<br>北京市级★★★★★ | 83315358 | 丰台区王佐镇南宫南路 1 号 |
| 丰台区 | 北京花乡世界花卉大观园 | 国家级★★★★★<br>北京市级★★★★★ | 87500843 | 丰台区南四环中路 235 号 |
| 丰台区 | 北京国际露营公园 | 国家级★★★★★<br>北京市级★★★★★ | 67959767 | 丰台区南苑团河路 369 号 |
| 丰台区 | 洛平设施精品园 | 北京市级★★★ | 83313711 | 丰台区王佐镇洛平村东 |
| 房山区 | 云泽山庄 | 北京市级★★★★★ | 13910192789 | 房山区张坊镇三度穆家口村北 |
| 房山区 | 杏林苑采摘园 | 北京市级★★★★ | 60369037 | 房山区霞云岭乡四马台村 |
| 房山区 | 坡峰岭旅游观光园 | 北京市级★★★★ | 60364712 | 房山区周口店镇黄山店村西 |
| 房山区 | 福源蕙业生态园 | 北京市级★★★★ | 80332899 | 房山区阎村镇大十三里村南 |
| 房山区 | 北京交道富恒农业观光园 | 北京市级★★★★ | 80318682 | 房山区窦店镇交道一街村房窑路南 |
| 房山区 | 水峪民俗村 | | 60375952 | 房山区南窖乡水峪村 |
| 延庆县 | 华坤庄园 | 北京市级★★★★★ | 60158288 | 延庆县大榆树镇新宝庄村 |
| 延庆县 | 山间别薯生态农场 | 北京市级★★★ | 61192090 | 延庆县井庄镇艾官营村南 300 米 |
| 延庆县 | 绿茵溪谷庄园 | 北京市级★★★★ | 60185280 | 延庆县珍珠泉乡双金草村小川梁 |
| 延庆县 | 妫州牡丹园 | 国家级★★★★ | 81177588 | 延庆县旧县镇常里营村东 |
| 延庆县 | 阳光果园 | 国家级★★★<br>北京市级★★★ | 15510059117 | 延庆县旧县镇米粮屯 |
| 延庆县 | 北京王木营蔬菜种植专业合作社 | 国家级★★★ | 61185659 | 延庆县井庄镇王木营村东北处 |
| 延庆县 | 北京昊森球根花卉有限公司 | 北京市级★★★ | 13901096362 | 延庆县四海镇 |
| 延庆县 | 四海种植专业合作社 | 北京市级★★★ | 60182729 | 延庆县四海镇 |
| 延庆县 | 万寿菊园区 | 北京市级★★★ | 13683194888 | 延庆县四海镇 |
| 延庆县 | 白羊峪果树种植基地 | 北京市级★★★ | 13910122499 | 延庆县旧县镇白羊峪村 |
| 延庆县 | 循环农业示范园 | 北京市级★★★ | 69139981 | 延庆县康庄镇太平庄村 |
| 延庆县 | 家囿山庄 | 北京市级★★★ | 61189682 | 延庆县井庄镇窑湾村 |

# 北京市星级园区目录（全）

续表

| 区县 | 名称 | 星级 | 联系电话 | 地址 |
|------|------|------|----------|------|
| 延庆县 | 小浮沱蔬菜基地 | 北京市级★★★ | 69120416 | 延庆县八达岭镇小浮坨村蔬菜基地 |
| 延庆县 | 里炮红苹果度假村 | 北京市级★★★ | 61163088 | 延庆县八达岭镇里炮村红苹果度假村 |
| 延庆县 | 四海野生花卉资源圃 | 北京市级★★★ | 13501180542 | 延庆县四海镇 |
| 延庆县 | 独山清泉陶艺园 | 北京市级★★★ | 61151002 | 延庆县旧县镇盆窑村北 |
| 延庆县 | 前庙村有机葡萄采摘基地 | 北京市级★★★ | 69113402 | 延庆县张山营镇前庙村 |
| 延庆县 | 留香谷香草园 | 北京市级★★★ | 80186168 | 延庆县珍珠泉乡双金草村小川梁 |
| 延庆县 | 茂源广发生态采摘园 | 北京市级★★★ | 69182310 | 延庆县广积屯村 |
| 延庆县 | 来吧·咱家山庄 | 北京市级★★★ | 60165506 | 延庆县延庆镇祁家堡村 |
| 延庆县 | 八里店梨园 | 北京市级★★ | 13126705059 | 延庆县沈家营镇八里店村西 |
| 延庆县 | 延庆天葡庄园 | 北京市级★★ | 60165919 | 延庆县沈家营镇河东村南 500 米 |
| 延庆县 | 莲花山蜜蜂谷 | 北京市级★★ | 60185739 | 延庆县大庄科乡大庄科村村南 1500 米 |
| 延庆县 | 帮水峪濒危果品采摘园 | 北京市级★★ | 61164283 | 延庆县八达岭镇帮水峪村 |
| 延庆县 | 玉皇山庄 | 北京市级★★ | 81173699 | 延庆县大榆树镇阜高营村 |
| 延庆县 | 清水渔湾 | 北京市级★ | 13801377769 | 延庆县珍珠泉乡双金草村后河 |
| 延庆县 | 北京清泊源养殖园 | 北京市级★ | 60186311 | 延庆县珍珠泉乡八亩地村 |
| 延庆县 | 东屯村委会设施园区 | 北京市级★ | 61112168 | 延庆镇东屯村 |
| 延庆县 | 延庆镇万利兴种植专业合作社 | 北京市级★ | 61112168 | 延庆镇东屯村 |
| 朝阳区 | 蓝调庄园 | 北京市级★★★★★ | 65433156 | 朝阳区金盏乡楼梓庄村南 |
| 大兴区 | 融青生态园 | 国家级★★★★ | 4006968567 | 大兴区采育镇采林路 |
| 大兴区 | 奥肯尼克农场 | 北京市级★★★★ | 61233399 | 大兴区黄村镇鹅房村 |
| 大兴区 | 绿源艺景都市农业休闲公园 | 北京市级★★★★ | 89201199 | 大兴区魏善庄镇王各庄村 |
| 大兴区 | 航天之光观光农业园 | 北京市级★★★★ | 89259122 | 大兴区庞各庄镇梨花村 |
| 大兴区 | 乐平御瓜园 | 北京市级★★★ | 89288556 | 大兴区庞各庄镇四各庄村 |
| 大兴区 | 老宋瓜园 | 北京市级★★★ | 89282866 | 大兴区庞各庄镇南李渠村 |
| 大兴区 | 李家场食用菌观光园 | 北京市级★★★ | 89235299 | 大兴区魏善庄镇李家场村 |
| 大兴区 | 北京格林摩尔农业科技观光园 | 北京市级★★★ | 13901281878 | 大兴区瀛海镇笃庆堂村北 |
| 大兴区 | 北京桃花园 | 北京市级★★★ | 89266503 | 大兴区魏善庄镇魏庄村 |
| 大兴区 | 静逸清采摘园 | 北京市级★★★ | 89283689 | 大兴区庞各庄镇薛营村 |
| 大兴区 | 圣泽林农业观光园 | 北京市级★★★ | 13311235259 | 大兴区安定镇汤村 |
| 大兴区 | 北京御澜龙川农业观光园 | 北京市级★★★ | 4006503132 | 大兴区礼贤镇西郏河村 |
| 大兴区 | 北京亮民绿奥观光园 | 北京市级★★★ | 89235699 | 大兴区安定镇西芦各庄村 |
| 昌平区 | 樱水园农家乐旅游观光园 | 北京市级★★★★ | 69778505 | 昌平区南口镇后桃洼村 |
| 昌平区 | 常兴庄休闲渔场 | 北京市级★★★★ | 61781169 | 昌平区小汤山镇讲常兴庄村南 |
| 昌平区 | 泰农源生态果园 | 北京市级★★★ | 69719346 | 昌平区流村镇西峰山村 |

# 北京市星级园区目录（全）

| 区县 | 名称 | 星级 | 联系电话 | 地址 |
|------|------|------|---------|------|
| 昌平区 | 鑫城缘 | 北京市级★★★ | 13401168856 | 昌平区兴寿镇西新城村 |
| 昌平区 | 北京一分地农场 | 北京市级★★★ | 13911354961 | 昌平区沙河镇松兰堡村 |
| 昌平区 | 北京园霖昌顺农业园 | 北京市级★★★ | 89771779 | 昌平区流村镇北流村 |
| 平谷区 | 挂甲峪山庄 | 北京市级★★★★ | 60978258 | 平谷区大华山镇挂甲峪村挂甲峪大街1号 |
| 平谷区 | 北吉山村采摘园 | | 61974028 | 平谷区刘家店镇北吉山村 |
| 门头沟区 | 腾午山庄（龙凤岭种植园） | 北京市级★★★★ | 61880771 | 门头沟区妙峰山镇担礼村龙凤岭 |
| 门头沟区 | 北京樱桃植物博览园 | 北京市级★★★★ | 61883114 | 门头沟区妙峰山镇樱桃沟村 |
| 门头沟区 | 黄芩仙谷景区 | 北京市级★★★★ | 69856597 | 门头沟区斋堂镇川柏景区大门楼一号 |
| 门头沟区 | 天盛湖养鱼场 | 国家级★★★ | 61837509 | 门头沟区雁翅镇淤白村 |
| 门头沟区 | 京西古道景区 | 北京市级★★★ | 61880498 | 门头沟区妙峰山镇水峪嘴村 |
| 门头沟区 | 神农圃农家乐旅游观光园 | 北京市级★★★ | 61857058 | 门头沟区王平镇色树坟村假河 |
| 门头沟区 | 太子墓苹果观光园 | 北京市级★★★ | 61830040 | 门头沟区雁翅镇太子墓村 |
| 门头沟区 | 北京人间仙境旅游观光园 | 北京市级★★★ | 61880124 | 门头沟区妙峰山镇斜河涧村 |
| 门头沟区 | 孟悟生态园 | 北京市级★★★ | 60810784 | 门头沟区军庄镇孟悟村 |
| 门头沟区 | 北京琨樱谷山庄 | 北京市级★★★ | 61858898 | 门头沟区王平镇瓜草地村 |
| 门头沟区 | 北京山人养殖中心 | 北京市级★★★ | 13581718219 | 门头沟区潭柘寺镇平原村 |
| 门头沟区 | 南区社区居委会瓜草地生态示范园区 | 北京市级★★★ | 69800724 | 门头沟区西南30公里的原北岭瓜草地村 |
| 门头沟区 | 北京龙泉香杏生态园 | 北京市级★★★ | 60810671 | 门头沟区龙泉镇龙泉务村北 |
| 门头沟区 | 北京黄台彩瑛种植园 | 北京市级★★★ | 61884098 | 门头沟区妙峰山镇黄台村 |
| 门头沟区 | 北京琉璃古道山庄 | 北京市级★★★ | 15801352238 | 门头沟区琉璃渠村西丑儿岭 |
| 门头沟区 | 百花野味香 | 北京市级★★★ | 61828466 | 门头沟区清水镇台上村 |
| 门头沟区 | 北京崇安沟生态观光园 | 北京市级★★ | 13716297756 | 门头沟区清水镇杜家庄村 |
| 门头沟区 | 兴百灵养蜂观光园 | 北京市级★★ | 61828466 | 门头沟区清水镇台上村 |
| 门头沟区 | 鹿鸣园养殖观光园 | 北京市级★★ | 61827158 | 门头沟区清水镇张家庄村南500米 |
| 门头沟区 | 高铺葡萄种植采摘园 | 北京市级★★ | 69819495 | 门头沟区斋堂镇高铺村 |
| 门头沟区 | 韭园农庄旅游园区 | 北京市级★★ | 61857068 | 门头沟区王平镇韭园村村北1公里 |
| 门头沟区 | 鸿兴园度假村 | 北京市级★★ | 61857213 | 门头沟区王平地区办事处河北村知青农场 |
| 门头沟区 | 炭厂仁用杏观光园 | 北京市级★★ | 61884638 | 门头沟区妙峰山镇炭厂村 |
| 门头沟区 | 绿纯蜜蜂文化观光园 | 北京市级★★ | 62138181-120 | 门头沟区妙峰山镇黄台村 |
| 门头沟区 | 北京妙峰紫云采摘园 | 北京市级★★ | 13381201079 | 门头沟区妙峰山镇桃园村东沟 |
| 门头沟区 | 桃园樱桃采摘园 | 北京市级★ | 61883148 | 门头沟区妙峰山镇桃园村 |
| 门头沟区 | 桑峪观光园 | 北京市级★ | 60862901 | 门头沟区潭柘寺镇桑峪村 |
| 门头沟区 | 平原观光园 | 北京市级★ | 60863160 | 门头沟区潭柘寺镇平原村 |
| 门头沟区 | 西马各庄采摘园 | | 61859442 | 门头沟区王平镇西马各庄村村委会向南1200米 |
| 门头沟区 | 阿芳嫂山茶店／清水龙江居酒家 | | 60855160 | 门头沟区清水镇上清水村 |
| 门头沟区 | 北京国际核桃庄园 | | 69868524 | 门头沟区清水镇小龙门 |

# 中国轻工业出版社　精品旅游图书

## 畅游家族

## 主题家族

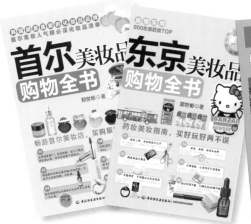

247
Page

读者反馈QQ群: 114391102

## 骑行家族